5~10세
아들 육아는
책읽기가 전부다

책 정보

제목과 작가, 출판사를 기본으로 적되, 출판 형태가 시리즈인지 전집인지 표기했습니다. 별도의 표기가 없다면 단행본이라는 뜻이며, 단행본은 『 』, 시리즈와 전집은 《 》, 일간지와 잡지는 「 」, 영상물은 〈 〉 기호를 사용해 구분했습니다. 특히 시리즈는 일반적으로 통용되는 명칭을 사용하기도 했습니다. 번역서의 경우, 영어 제목만 최초 1회 더불어 적었습니다.

(예) 『달 샤베트』 | 백희나 | 책읽는곰

『엘 데포El Deafo』 | 시시 벨 | 밝은미래

《고양이 해결사 깜냥》 | 홍민정 글·김재희 그림 | 창비 | 시리즈

《내 친구 수학공룡》 | 그레이트북스 | 전집

교과서 참고 내용

2015년 개정된 국정 교과서를 기본으로 합니다. 다만, 2022년부터 초등 3,4학년의 수학, 사회, 과학 교과서가 검정으로 바뀌어 책의 예시와 다를 수 있습니다. 해당 학년에 배워야 할 기본 교과 과정을 다룬다는 점에서 국정 교과서와 내용은 비슷합니다.

참고 자료

미주(331쪽)에 표기했습니다.

아들의 약점은 채우고 강점을 키우는 기적의 책육아 로드맵

5~10세
아들 육아는
책읽기가 전부다

박지현 지음

카시오페아
Cassiopeia

아들을 위해 책을 펼치는 엄마들에게

"선생님, 아이가 무슨 문제를 일으키지는 않나요?"

부정적 반응에 대비하듯, 아들 키우는 엄마들은 유치원이나 학교에 갈 때면 세상 겸손한 자세로 물어본다. 선생님이나 주변 엄마들이 내 아이의 행동에 빨간 줄을 긋고 '당신은 아이를 잘 못 키우고 있어요'라고 실격 판정을 내릴까 봐 전전긍긍하는 모양새다.

엄마들이 생각한 육아 시나리오는 이러한 분위기가 아니었다. 각종 육아 서적과 유튜브, SNS를 섭렵한 우리는 이미 '아이를 어떻게 키워야 하는지' 잘 알고 있지 않은가. 나이대별로 아이에게 어떤 자극을 주고 어떤 책을 읽어줄지, 아이가 생떼를 부리면 다리로 감싸서 제압하는 기술까지 알아둔 바다. 수많은 정답지를 비축

하고 있으니 육아를 '못'하기가 더 어려운 상황이다. 당연히 내 아들은 씩씩하고 긍정적인 동시에 똑똑하며 차분한 모범생이어야 했다.

상황이 어그러진 것은 아이가 유치원에 다니면서부터다. 슬슬 아이의 기질이 드러나고 친구들과 학습 능력이 비교되면서, 내 아이의 부족하거나 튀는 지점이 꺾은선 그래프처럼 도드라졌다.

"놀이터에서 놀다가 친구를 밀친 거죠. 상대방 아이가 울며 집에 가니까, 괜히 제 아이가 문제아가 된 것 같았어요."
(얌전히 놀면 좋으련만 남자아이들은 무리로 몰려다니며 위험한 놀이를 즐긴다. 긴 나뭇가지로 칼싸움을 하거나 밀치면서 놀다가, 마지막에는 꼭 한 명이 울어버린다.)

"공부 좀 했으면 좋겠는데 매일 놀이터에서 놀려고만 해요."
(옆집 아이는 한글을 깨우쳤다는데 우리 아들은 노는 것에만 관심이 있다. 온종일 놀았는데 자신은 못 놀았단다. 한글이나 연산 따위는 관심도 없다.)

"수업 시간에 꼭 말썽을 부리는 남자아이들이 있다니까요. 벌써 엄마들 사이에 이름이 쫙 퍼졌어요."
(초등부터는 수업을 방해하는 아이들 중 몇몇 이름이 엄마들 사이에서 대명사로 불린다. 모임 수다에서 "걔 말이야?" 혹은 "그 아이?"라고 시작되는데,

불행하게도 '걔'가 '내 아이'가 될 수도 있다.)

"아이가 수업 시간에 산만하다며 담임 선생님이 전화를 주셨죠.
ADHD 검사라도 받아보라고요."
(에너지 가득한 남자아이가 '얌전히' 수업에 집중하기란 쉽지 않다. 갑작스
럽게 선생님의 전화를 받은 엄마는 가슴이 쿵 내려앉는다.)

아들 엄마들의 전언과 고백을 근거로 한다면, 남자아이는 온종
일 놀이터에서 놀기를 원하고 친구들과 모험을 즐기며 종종 위험
하게 행동한다. 유치원이나 학교에서는 책상에 가만히 앉아 있기
힘들어하며 산만하게 행동해서 눈에 띈다. 엄마들이 상상하던 이
상형과 저울질하면 딱 정반대에 내 아이가 존재한다. (상대적 단점만
나열한다면 말입니다.)

'야무지지 못한' 아이의 모습도 눈엣가시다. 자기 할 일 딱딱 해
내는 모범적인 모습은 언제나 이웃집에서 나오기 마련이다. '우리
집' 아들은 간단하고 단순한 것들도 잘 챙기지 못해 눈 밖에 난다.
심지어는 초등학교 1학년 아이가 해내야 할 기본적인 덕목조차 힘
겨워한다.

• 등교 시간에 학교 가기(8시 50분까지 가는데 49분에 나가요.)

• 종이 울리면 책상에 앉아 교과서 펴기(선생님이 참다못해 큰소리 내면 그때 의자

에 앉아요.)

- 수업 시간에 가만히 앉아서 설명 듣기(창밖을 보거나 다리를 떨거나 지우개를 굴려요.)
- 수학 시험에서 계산한 답 쓰기(뺄셈 문제를 열심히 덧셈으로 풀어요.)
- 숙제 제출하기(깜짝 놀라며 "숙제가 있었어?"라고 되물어요.)
- 물건 챙기기(아침에 신상 잠바 입고 나갔는데, 집에 티셔츠만 입고 돌아옵니다.)

새 학기가 되면 종교가 없는 엄마들도 기도한다. "제발 아들 셋인 선생님이 담임이 되게 해주세요." 아들이라고 다 그런 것은 아니지만, 선생님 말씀 열심히 듣고 제 할 일 잘하는 여자아이에 비해 남자아이가 단체 생활에 약한 것은 사실이다. 가령 선생님이 만들기 과제를 내주면 여자아이는 '더' 잘하기 위해서 노력하지만, 남자아이는 그 과제가 '무엇'인지 알아내려 애쓴다. 저녁 시간이면 과제를 파악하려는 엄마와 아무 생각 없는 아들의 속 터지는 대화가 거듭 오간다.

"알림장에 만들기 숙제 있던데?"
"맞다. 그게 뭐였지? 선생님이 말씀하시긴 했는데."
"얼른 생각해봐."
"아, 몰라. 다른 엄마한테 물어보면 안 될까?"

아들 엄마가 딸 엄마에게 환한 미소를 보내거나 따뜻한 커피를 사면서 번호를 저장하는 이유는 타고난 성격이 사교적이어서만은 아니다. 아이가 학교생활에서 겪게 될 불확실한 순간, 꼭 내야 할 서류나 과제, 준비물, 시험 일정 등에 마침표를 찍어줄 누군가가 필요하기 때문이다.

상황이 이렇다 보니 아들 키우는 엄마는 심신이 금세 피로해진다. "아이가 똘똘하고 야무지네요"라는 칭찬을 받아도 피곤한 것이 육아인데, 내 맘대로 척척 돌아가는 구석이 전혀 없으니 당연하다. 답답한 마음에 선배 엄마를 찾아가 하소연을 늘어놓으면 '긍정인지 부정인지' 모를 애매한 대답이 돌아온다.

"아들이잖아."

다섯 글자를 해석하면 '원래 아들은 딸보다 성장이 더디고 야무지지 못하지만, 장점도 꽤 있으니 느긋하게 기다리면 복이 올지도 모르겠다' 정도가 되겠다. 측은지심에서 꺼낸 희망적인 메시지도 들려준다. '그래도'로 시작되는 위안의 이야기다.

"그래도 운동은 잘하잖아."
(네, 하지만 아이가 손흥민처럼 될 건 아니잖아요.)

"말은 엉성해도 수학 머리는 여자애들보다 낫더라고."

(다 그런 건 아니더라고요.)

"기다려봐. 아들은 초등 고학년부터 머리가 열린다니까."

(정말 그런 거죠? 맞죠?)

"그래도 생각이 단순하니까 난 오히려 좋던데. 딸 엄마처럼 아이와
감정싸움을 할 필요는 없잖아."

(그건 맞습니다.)

아들 엄마끼리 수다를 떨면 어느새 묘한 연대감이 감돈다. 너도
알고 나도 아는, 우리만의 공통된 애환이 있기에 가능한 일이다.
처음에는 부족하고 걱정스러운 문제를 앞다퉈 쏟아내다가, 내 집
네 집 다 비슷하다는 동조를 얻은 후에는 "아들이니까", "나아지겠
지" 말하며 마무리하는 모습도 똑같다.

엄마들이 느끼는 과도한 피로는 단지 아들이 단체 생활에 쉬이
적응하지 못하거나 수행 능력이 떨어져서만은 아니다. (여자로 자란)
엄마의 어린 시절 경험이 무용지물이 되는 상황에 부딪히거나, 예
상 범위를 훌쩍 벗어나 행동하는 아이가 너무나 낯선 탓이다. 뒤늦
게나마 아들 엄마들은 자신이 무엇인가 까맣게 잊고 있었다는 걸
깨닫는다. '참, 우리 아이가 남자였지!'

나 역시 아이가 초등학교에 들어가기 전까지 '남자아이를 키운다'는 생각을 거의 하지 못했다. 세계명작소설에나 나올 법한 '차분하고 똑똑하며 사려 깊은' 아이를 목표로 삼았을 뿐, 내 아들이 본디 어떤 세상에 속하는지 관심조차 없었다. 아니, 오히려 성 구분 없이 아이를 키워야 한다고 생각했다.

당연히 책육아에 있어서도 '아들'이란 주어가 쏙 빠져 있었다. 아이가 좋아할 만한 책을 고르기보다 내가 좋아하는 책들로 책장을 채웠다. 아이가 대여섯 살 무렵, 나는 토미 드파올라의 『오른발, 왼발Now One Foot, Now the Other』을 잠자리에서 자주 읽어주었다. 어린 손자에게 할아버지가 걸음마를 가르쳐준 것처럼, 할아버지가 뇌졸중을 앓고 난 뒤에는 손자가 할아버지의 걷기를 도와준다는 감동적인 내용이다. 나는 아이에게 책을 읽어줄 때마다 감정에 북받쳐 눈물을 주룩주룩 흘렸지만, 아들은 '엄마는 대체 왜 우는 거야?' 싶은 얼굴로 빤히 쳐다봤다. 감정적 공감이 약한 아들의 특성을 묻어두더라도 나이에 따라 수용 가능한 감정선이 다르니, 자연스러운 반응이었다.

생각해보니 당시 내가 '이 그림 멋지네', '책의 내용이 알차군', '교육적이라서 좋아'라며 아이에게 열심히 읽어주었던 그림책들이 과연 '어린 아들'에게 얼마나 닿았는지는 모르겠다. 어쩌면 내가 열심히 책장에 채웠던 것은 부모로서의 불안이나 교육적 열망, 여자로서의 취향이 아니었을까.

초등 과정까지 13년 책육아를 겪어보니 아들이 살아가는 세계가 어떤지, 아들에게 책이 무슨 존재이며 어떤 영향을 주는지 비로소 눈에 들어온다. 책육아는 아들의 단점을 보완해주면서 장점에 불을 켜줄 튼튼한 징검다리 역할을 한다. 단순히 지식을 습득하거나 한글을 빨리 떼주는 것뿐만 아니라, 아이의 정서적인 면과 학습적인 면, 언어 능력과 문해력을 포괄적으로 키워준다.

쉽게 말해 언어 발달이 늦고 주도성이 강한 아들에게 책읽기는 가장 '공부 같지 않은 공부'다. 단지 재미있게 책을 읽었을 뿐인데 아이의 부족한 부분이 채워진다. 아들 엄마들이 흔히 하는 하소연, "아이가 책상에 앉지를 않아요", "선생님 말씀에 집중을 못 해요", "이해력이 부족해요", "글쓰기가 안 돼요", "사람을 졸라맨으로 그려요" 등과 같은 문제를 해결해준다. 무엇보다 이야기를 듣고 그림을 관찰하는 습관은, 예비 초등생 엄마들이 서둘러 걱정하는 '선생님 말씀 잘 듣는 태도'를 길러준다.

아들의 책읽기 생애에서 가장 중요한 시기는 5세에서 10세까지다. 유치원(5~7세)이 그림책을 풍성히 즐기다 한글을 배우는 시기라면, 초등 저학년(8~10세)은 읽기 독립을 하고 글줄이 가득한 읽기책에 익숙해지는 시기다. 차이가 있다면 아이가 소화하는 글의 양이다. 유치원 시기에는 그림과 글로 이야기를 흡수한다면, 초등 저학년 시기에는 글을 통해 이야기를 이해한다. 다시 말해 6년간의 책읽기를 거치며 아들의 읽기가 비로소 시작되고 차곡차곡 쌓이다 어느 순간 솟아오른다.

특히 초등 저학년은 아들의 평생 책읽기를 결정할 만큼 중요하다. 부모와 선생님의 지지가 강한 데다 아이의 읽기 수준이 폭발하면서 남자아이들은 인생에서 가장 많은 책을 읽는다. 아들의 특징을 이해하는 것이 우선이고, 그다음이 아들에게 맞는 환경을 제공하면서 취향 저격의 책으로 읽기 능력을 끌어올려야 한다. 엄마의 책이 아니라 아들이 좋아하는 책을 풍성하게 접해야 한다. 그래야 고학년이 되어서도 글줄 가득한 책을 읽을 수 있다. 아들에게 책육아는 '하면 좋아요'가 아니라 '꼭 해야 합니다' 쪽에 가깝다.

이 책은 '아들 키우기'를 고민하는 엄마부터 '아들이 책과 친해지기'를 원하는 엄마들을 위한 참고서다. 아들 육아의 솔루션으로 책육아를 제안하되, 아들이 무엇을 열망하는지, 어떤 책을 좋아하는지, 어떤 환경이 필요한지, 나이대별로 무엇이 중요한지를 꼼꼼하게 적었다. 동시에 아들을 키우는 '같은' 엄마로서 과거에는 미처 생각하지 못했거나 착각하여 실수했던 내용까지 담으려 애썼다. 말하자면 아들 키우는 엄마들을 위한 단 한 권의 '책육아 로드맵'이다.

당신의 아들은 이제 책읽기의 시작점에 서 있다. 그림책 읽을 시간은 아직 넉넉하고 세상에 재미있는 이야기는 끝없이 많다. 아들은 신통하게도 머릿속에 거대한 상상발전소 하나씩은 가지고 있어, 몇 가지 조건이 맞으면 언제든 이야기에 기꺼이 몸을 던진다. 책읽기에 늦은 시기란 없다. 오늘, 책을 펼치면 충분하다.

차례

Part 2 아들 엄마가 흔히 하는 책육아 고민과 솔루션

Part 4 5~10세 아들을 위한 책육아 로드맵

📖 5,6,7세 초등 대비 책읽기

📖 8,9,10세 초등 읽기 독립기

아이가 소중한 이유는 아들이거나 딸이어서가 아니다. 잘생기고 예쁘거나 똑똑해서도 아니다. 그저 '내 아이'이기 때문이다. 엄마들이 습관처럼 말하는 아들의 약점도 성별 차이에 불과하다. 아들이 딸보다 열등하거나 부족하다는 뜻이 아니라, 나이별로 성장 과정에서 보이는 특징이거나 혹은 우리의 교육 환경이 획일적이라는 반증에 가깝다. 아들은 남자아이만의 장기가 있고 그것이 빛나는 순간이 온다. 고맙게도 책은 아들의 약점을 채워주는 든든한 도구가 된다.

Part 1

아들의 약점,
책읽기가 채워준다

아들은 대체로
공격적이고 산만하다

'아들은 A다'라고 단순하게 정의할 수는 없다. 100명의 아이가 각기 100가지 얼굴과 성격을 가지듯 아들 100명을 모아놓아도 서로 다른 모습을 보인다. 내향적인 아이와 외향적인 아이가 있으며, 다시 외향적인 아이만 모아놓아도 활동 지수 1부터 10까지 세세히 나뉜다. 아들이라고 다 운동 신경이 뛰어난 것도 아니고 수학 머리를 타고난 것도 아니다. 어떤 아이는 자동차 번호판으로 덧셈 놀이를 하는가 하면, 어떤 아이는 초등 저학년까지 손가락을 셈의 도구로 쓰기도 한다.

하지만 남자아이들을 거듭 보노라면 적어도 이런 생각은 든다. '아들은 AA AB AC AD다.' 개인별 차이는 있으나 기본적으로 A의 성향을 가지고 있다는 이야기다. 예를 들어 남자아이는 크고 강하며 움직이는 것들, 그러니까 공룡이나 자동차나 기차를 좋아하지, 아름답고 예쁜 공주책에 재미를 느끼지 않는다. 에너지를 발산하며 몸으로 놀기를 좋아하지, 가만히 앉아서 수다 떨기에는 익숙하지 않다. 엄마와 손잡고 쇼핑을 하기보다 친구와 경쟁하듯 운동을 하거나 게임을 즐긴다. 엄마의 어린 시절을 떠올리면 무엇인가 맞아떨어지는 교집합이 없다.

테스토스테론(Testosterone)

라틴어 testis(고환)와 sterol(스테로이드)의 합성어. 남성을 남성답게 하는 성호르몬으로, 주로 생식선에서 분비된다. 정자를 생성하고 성욕을 증진시키며 저돌적이고 공격적인 성향에 기여한다.[1]

여성에게 에스트로겐이 강하다면 남성에게는 테스토스테론이 많으며 인간은 모두 호르몬의 영향을 받는다. 테스토스테론이 아들의 공격성이나 무모한 행동이나 독립적인 욕구 등에 영향을 준다는 이야기다. 물론 남자아이라도 호르몬의 양에 따라 남성적 특징이 강하거나 혹은 약하게 나타난다.

돌이켜 보면 엄마들이 당혹스러운 순간이란 아들이 공격적인 모습을 보이거나 과하게 행동할 때가 아니던가. 산책하다 긴 나뭇가지를 주워서 싸움 놀이를 하거나 친구들과 목숨 건듯 달리기 시합을 하거나 몸을 밀치면서 대장 놀이를 하겠다고 나설 때 말이다. 위험하게 놀면서 환하게 웃을 때 우리는 고개를 갸웃거렸다. 왜 저러는 걸까?

"베이블레이드 팽이가 한창 유행했을 때 아이마다 팽이 몇 개씩 들고 다니면서 1:1로 맞붙곤 했죠. 이기고 지는 것에 목숨 걸고 집착해서 놀랐어요. 한번은 쇼핑몰 장난감 코너에서 배틀판을 설치하자 아이들이 긴 줄을 서서 승자를 가리더군요. 대부분 남자아이였죠."

"아들을 키워보니 호날두가 어떻게 거액의 연봉을 받는지 이해가 갔어요. 전 세계 남자아이들이 축구 경기를 좋아하고 각자 응원하는 축구팀 유니폼을 입고 축구를 하잖아요. 프리미어 리그나 챔피언스 리그가 있을 때면 잠이 많던 아이가 새벽에 일어나서 생중계를 보더라고요. 어디가 이기는지 꼭 봐야 한다면서요."

공룡이든 로봇이든 팽이든 스포츠 경기든 남자아이는 서로 싸워서 승자와 패자를 가리는 구도를 즐긴다. 유치원 시절에 로봇과 팽이에 열광했던 남자아이가 초등에 올라가면 게임과 축구, 농구에 빠지다 어른이 되어서까지 쭉 스포츠와 게임을 사랑하지 않던가. 엄마 눈에는 공놀이의 확장판처럼 보이지만, 아들에게는 절대적으로 재미있는 승패 싸움이다.

어디 이뿐일까. 남자아이는 가만히 앉아서 언어로 놀기를 즐기지 않는다. 온몸을 이용해 세상을 체험한다. 아파트 단지 곳곳을 돌아다닌다든지, 그넷줄을 한껏 꼬아서 빙글빙글 돌리며 탄다든지, 나뭇가지를 하나씩 들고 칼싸움을 한다든지, 잡기 놀이를 하면서 마구 뛰어다닌다. 놀이터에서 놀더라도 몸을 움직여 에너지를 한껏 발산해야 '잘 놀았다', '참 재밌다'라고 느낀다. (이러한 아이들의 모습을 어른들은 '산만하다'고 평가합니다.)

몸으로 놀되 승패에 연연하니 자연히 또래끼리 싸움도 잦다. 장난처럼 몸을 밀치다 '어쭈, 좀 세게 차는데?' 싶은 순간 놀이가 싸움이 된다. 놀이와 싸움은 종이 한 장 차이다. 놀다가 싸우다가, 다시 놀다가 다투기를 반복한다. 그러니 아들이 다소 과격하게 굴거나 경쟁에 목을 맬 때 우리는 이렇게 생각하면 그만이다.

'테스토스테론의 영향을 받은 결과로군.'

고백하자면 우리에게는 이미 '좋은 아이'의 표본이 정해져 있다. 남을 배려하고 차분하게 행동하며 생각이 깊은 아이는 모범생, 반대로 산만하고 공격적인 아이는 문제라고 여긴다. 엄마들은 잔인하거나 경쟁적이거나 공격적인 행위에 심리적 거부감이 있어 아이가 그러한 행동을 보이면 얼른 그것을 희석하려 애쓴다. 아이의 행동을 심하게 훈계하거나 놀이에 과하게 개입한다. "안 돼. 그건 나쁜 거야.", "여기서 가만히 앉아서 놀자.", "차분하게 행동해봐."

'어른이자 여성'인 엄마의 시선은, 그래서 왜곡되기 쉽다. '공격적이고 산만한 에너자이저 탐구자'인 남자아이의 존재는 엄마에게 너무 낯설고 불편하다. 우리가 평화주의자이거나 성격이 차분해서가 아니라, 가만히 있는 것이 편하고 싸우는 것이 싫으며 여기저기 뛰어다니기엔 힘든 나이 든 여성이기 때문이다.

아들을 키운다면 아이의 기질을 인정하고 거기에서부터 육아를 시작해야 한다. 상상 속 모범생 아들을 생각하거나 조용히 책 읽는 옆집 여자아이에게 집중하면, 정작 남자아이의 특성을 무시하거나 아이의 기본 성향을 외면한 채 '나만의' 육아에 빠지기 쉽다.

『안 돼, 데이비드!^{No, David!}』가 나온 해는 1998년 가을로, 아슬아슬 위험하게 쿠키 상자를 꺼내고, 진흙을 묻힌 채 거실을 걸어가고, 욕조의 물이 넘치게 노는 말썽꾸러기가 주인공이다. '무슨 이런 아이가 있어?' 싶었던 이야기가 남자아이들의 공감을 사면서 세계적인 인기를 얻었고, 그제야 엄마 아빠도 '어린아이는 그럴 수 있어', '남자아이는 저런 모습이 있지' 인정하기 시작했다. 동시에 하루에 몇 번이고 "안 돼"라고 소리치는 부모 자신의 모습을 마주했다. 이 책의 작가 데이비드 섀넌은 어디에서 이야기의 영감을 얻었을까? 한때 '남자아이'였던 그는 어렸을 때 엄마의 잔소리를 자주 들었다. 그가 바로 데이비드였다.

"오리지널은 제가 어렸을 때 만든 거예요. 나중에 엄마가 그걸 보관하고 있다는 걸 알게 되었고 '이거 좋은 그림책이 되겠는걸' 생각했죠. (생략) 엄마들이 '안 돼'라고 말하는 것들은 어느 시대에나 똑같이 나타나죠. 그러니까 엄마의, 엄마의, 엄마의, 엄마들이 항상 하는 말이죠. '음식 가지고 장난치지 마라'와 같은 잔소리죠."[2]

아들이 차분하기를 원한다면 아이의 성향을 인정하면서 '차분해질' 시간을 꾸준히 주어야 한다. 책읽기는 아이가 하루 중 가장 조용하게 보내는 시간이다. 아이는 책 속 이야기에 집중하면서 부모 곁에 '가만히' 앉아 있지 않나. 어떻게 그럴 수 있을까? 이야기를 듣는 것이 몸으로 뛰어노는 것만큼 재미있기 때문이다. 차이가 있다면 머릿속 상상 세계에서 뛰어논다는 것이다.

아들이 차분하게 책을 볼 수 있는 시간은 보통 저녁이다. 마음껏 놀이터에서 에너지를 발산하고 밥까지 먹으면 아이는 특별한 불만이 없다. 이때 부모가 책을 읽어주면 아이는 자연스럽게 이야기에 집중한다. 하루하루 이야기에 집중하는 시간이 쌓이면 가만히 앉아서 책읽기가 가능해진다. 나중에 학교에 가면 놀 땐 신나게 놀더라도 책상에 차분히 앉아 선생님의 이야기를 듣는다. 어떤 훈계보다 효과적이다.

아들에게 좋은 나이별 운동

운동은 규칙을 지키면서 승패를 가르고, 온몸을 움직여 에너지를 발산하며, 또 래와 무리로 어울릴 수 있어서 남자아이에게 좋다.

유치원 시기, 태권도

운동, 훈계, 픽업 서비스가 결합된 태권도가 1등이다. 유아 시기의 태권도는 놀 이와 품새 배우기가 더해진 체육 활동이다. 초등 1,2학년까지 아이들은 색깔별 '품띠'를 따려고 열심히 태권도장에 다닌다. 슬슬 말썽을 피우기 시작할 때쯤에 는 사범님이 엄마 대신 훈계 서비스까지 해준다.

초등 저학년, 축구

저학년 아이들의 운동 실력은 '누가 더 빨리 뛰나'에 있다. 축구는 빨리 뛰어서 골을 넣는다는 점에서 인기가 많다. 학교가 끝나면 아이들은 공 하나에 이리 뛰 고 저리 뛴다. 방과 후 체육 종목에서도 축구가 인기다.

초등 고학년, 농구

초등 5,6학년부터 인기 종목이 축구에서 농구로 바뀐다. 고학년이 되면 얼추 골을 넣을 만큼 키가 커서 진입 장벽이 낮아진다. 엄마들은 '농구를 하면 키가 큰다', '중 고등에 올라가면 친구끼리 농구를 한다'는 말에 서둘러 농구 수업을 신청한다.

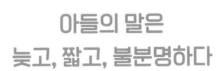

아들의 말은
늦고, 짧고, 불분명하다

남자아이의 언어 발달은 놀이 문화와 긴밀히 연결되어 있다. 언어가 늦어서 이렇게 노는 건지, 이렇게 놀다 보니 언어가 덜 발달한 건지는 닭과 달걀의 관계처럼 명확하지 않지만, 성별에 따라 놀이 속 '언어 비중'이 다른 것만은 확실하다.

유치원 시기의 여자아이는 셋만 모여도 역할극을 한다. 엄마들이 과거에 소꿉놀이를 했다면, 요즘 아이들은 드레스를 입고 장난감 하이힐을 신은 채 주방 놀이 기구로 요리를 한다. 공주가 나오는 시대극부터 선생님이 나오는 학교극까지 종류도 다양하다.

역할극의 핵심은 언어다. 누가 공주를 하고 시녀를 할지 정하는 것부터가 치열한 논쟁거리이며, 막상 역할극에 들어가면 이야기는 온통 대사로 진행된다. (공주가 공주답지 못하다며 제대로 된 표현을 요구합니다. 아니면 바꿔야 한다고 말이죠.) 여자아이의 놀이는 역할극이나 인형 놀이를 거쳐 초등 저학년에는 단짝이랑 수다 떨기, 연예인 흉내 내기, 카톡 등으로 넘어간다. 모두 언어와 긴밀하게 연결되어 있다. 그렇다면 비슷한 시기의 남자아이는 어떻게 놀까.

> **유치원** 술래잡기, 숨바꼭질, 나뭇가지 칼싸움, 땅 파기, 땅바닥에서 비비탄 줍기.
>
> **초등 저학년** 잡기 놀이, 축구, 보드게임, 게임.
>
> **초등 고학년** 게임, 게임, 게임. 가끔 운동과 보드게임.

가만 보자, 말발은 언제 필요할까? 어디에 숨거나 뛰어가거나 혹은 공을 발로 차면서 숨을 헐떡이는 것이 대부분이다. 기껏 말을 얹어봤자 "가위바위보, 네가 술래다!", "야, 공을 그렇게 차면 어떡해?", "아웃이야, 네가 반칙했어!" 수준이다. 입 짧은 아이들은 종일 별말 없이 끼어 놀아도 티가 나지 않는다.

웬걸, 초등 고학년이 되면 언어 소통이 뭐지, 싶은 순간이 온다. 놀이와 게임이 동의어가 되어 가끔 신기한 풍경을 만들어낸다. 4명의 또래가 자전거를 타고 편의점에서 만나 사발면을 먹고는 서로 한마디도 하지 않은 채 '같은' 게임을 한다. 만나면 다행이게, 대부분 각자의 집에서 카톡이나 문자 한 통 보내기가 전부다.

'(게임에) 들어와.'

남자아이의 언어 발달이 여자아이보다 느린 것은 뜬구름 같은 소문이 아니라 엄연한 과학적 사실이다. EBS 다큐프라임 〈아이의 사생활-제1부 남과 여〉에서는 유아기 언어 발달에는 성별에 따른 분명한 차이가 있다고 강조한다. 여기서 우리가 주목할 것은 다음과 같이 3가지다.

① 남자아이는 두뇌에서 언어 담당 부위와 감정을 담당하는 부위가 더 멀어서 감정을 표현하기가 어렵다.

② 여자는 양쪽 뇌의 연결이 더욱 긴밀하고 대뇌 피질의 특정 부위에 11%나 더 많은 뉴런이 있어 언어 능력이 탁월하다.

③ 5세 남자아이의 경우 뇌의 언어 관련 부위를 살펴보면 3세 반 여자아이와 비슷하다.[3]

맞다, 우리 아들이 유달리 부족하거나 말재주가 없어서가 아니다. 처음부터 다르게 태어나 언어 발달이 좀 늦을 뿐이다. 문제는 수다스러운 엄마들이 아들의 늦된 언어 발달을 좀처럼 이해하지 못하는 데에 있다. 가령 말하기 좋아하는 엄마와 말 짧은 아들이 대화하면 종종 '58:5의 마술'이 펼쳐진다.

🙂 **엄마** 오늘 날씨가 너무 좋더라. 마치 여름 날씨 같았어. 참, 오늘 봄 소풍 어땠어? 가서 재미있는 거 많이 했니? 뭐 하면서 지냈어? 궁금해. 엄마에게 좀 얘기해줘. (58자)

🙂 **아들** 어, 재밌었어. (5자)

돌아보면 아들 엄마들이 가장 답답한 순간은 아이들 사이에 분쟁이 일어났을 때다. 놀이터에서 놀다 보면, 아이들 사이에 꼭 다툼이 벌어져 한쪽이 울음을 터뜨린다. 남자아이들의 이야기를 번갈아 반복 청취해도 무슨 상황인지 이해되지 않을 때, 혜성처럼 등장한 이가 있으니 (같이 놀던 아이도 아니고) 옆에 서 있던 여자아이다.

"제가 봤는데요, 얘가 먼저 쟤를 놀려서 쟤가 그러지 말라고 했거든요. 그래도 얘가 놀리면서 장난을 쳤고 쟤가 참지 못해 공을 던져서 머리에 맞은 거예요." 여자아이의 증언을 통해 엄마들은 그제야 얘와 쟤 사이의 일련의 상황을 파악하고 사건을 마무리 짓는다. 목격자가 아니었다면 분명 미제 사건으로 남을 분쟁이다.

불행히도 초등학교에 가면 남자아이는 그렇게 야무지게 '증언'했던 여자아이와 종종 부딪힌다. 말싸움이 나서 선생님에게 불려가면 여자아이는 사건의 정황을 설명하는 동시에 자신의 상처 난 감정까지 곁들여 상대를 설득하지만, 남자아이는 억울한 표정을 하고는 "그게 아니라고요", "우이 씨"를 반복할 뿐이다. 아니, "씨"라고 해서 더 혼난다.

남자아이의 말은 대체로 늦고 짧고 불분명하다. 엄마가 무엇인지 물으면 1, 2, 3초 뒤에 말이 나온다. 초등학교에 들어갈 즈음에는 또래 무리에서 살아남기 위한 언어적 특징을 보인다. 자기를 과시하기 위해 내용을 부풀리거나 과장한다. 수업 시간이나 친구들에게서 배운 유행어를 대화에 끼워 넣거나, 갓 배운 아동 학대나 112 신고 등의 전문 용어도 사용한다. 몇 단계의 언어 등급을 마구 넘나든다. 언어의 격변기인 셈이다.

기본 문장 (친구랑 이야기하다) 나 집에 베이블레이드 10개 있다!

아들 문장 나 집에 베이블레이드 엄청 많아! 아마 30개는 될걸!
(아뇨, 30개 없어요. 그냥 밀리기 싫어서 저러는 거예요.)

기본 문장 (보드게임하다) 너 방금 속였지? 왜 그런 거야?

아들 문장 너 방금 사기 쳤지? 이 사기꾼아!
(초등 1,2학년이 되면 어린이와 어른 말투 사이를 마구 오간다. '속이다'와 '사기 치다'의 중간이 없다. 통통한 엄마를 '돼지'라고 말하고 나이가 많은 선생님을 '할머니'라고 칭한다.)

기본 문장 (숙제 안 해서 혼났을 때) 엄마, 왜 등을 때려요? 기분 나빠요!

아들 문장 (휴대폰을 찾으며) 이건 아동 학대야! 나 112에 전화할 거야!
(학교에서 아동 학대나 112 신고를 배우면 아들은 그것을 꼭 부모

에게 써먹는다. 반은 장난, 반은 진심이다.)

과장만 할까, 남자아이들은 또래 무리에서 밀리지 않으려고 '짧고 강력한' 욕을 일찌감치 습득한다. 구구절절 말할 필요가 없는 데다 자기감정을 간단하게 표현하니 꽤 효율적이다. '나 약하지 않아', '내가 더 세거든' 강조하는 셈이다. 특히 형이 있는 아이들은 빠르게 선진 문물을 받아들여 본토 억양으로 감칠맛 나게 욕을 내뱉어 주변의 시선을 끈다. '씨발', '존나', '빡친다' 이런 말이 접두사나 접미어처럼 붙는다. (더 심한 욕도 많습니다만⋯)

유아 시기 언어 발달은 유전적 성향에 따라 차이가 난다. 보통 여자아이가 남자아이보다 낫고, 다시 남자아이만 줄 세우면 언어적 재능이 있는 아이들이 눈에 띈다. 머리가 똘똘하고 평소에 말하기를 좋아하며 나서기 좋아하는 남자아이의 언어 수준이 높다. 즉, 아이의 말발에는 타고난 성향이나 언어 능력, 보호자와의 상호 작용이 영향을 준다는 이야기다.

부모가 그림책을 열심히 읽어주면 어떨까? 그림책 읽기 역시 언어적 자극이기에, 언어 재능이 높은 아이들은 책을 통해 일찌감치 두각을 드러낸다. 5살에 "우리 아이가 스스로 한글을 읽어요", "2개 국어를 합니다"와 같은 증언처럼 말이다. 그렇다고 모든 아이가 부모의 감탄사를 끌어내지는 못한다. 언어적 재능이 부족하거나 비사교적인 남자아이라면 유아 시기에는 '눈에 띄는' 성과가 보이지 않는다. 아니, 성과가 있어도 다른 아이를 따라가는 수준이니 부모가 체감하기 어렵다. 열심히 그림책을 읽어주었는데 별 차이가 없네, 싶다.

우리가 기억할 것은 하나다. 책읽기는 어디로 사라지지 않는다. 아들의 머릿속에 계속 축적되는 중이다. 아들은 그림책을 접하면서 자신이 겪은 상황이나 주변 사물에 대해 더 자세하게 인지한다. 어제 먹은 귤이 그림책에 나왔다면 동그랗고 노란 귤에 대해 생각한다. 또래와 장난감을 가지고 싸우고 나서 친구책을 본다면 어떻게 관계를 맺는지 이해한다. 생각의 축적은 눈에 보이지 않지만 분명 아들의 성장 과정에 도움이 된다. 매일 수치로 인쇄되어 부모에게 보고되지 않을 뿐이다.

·Add·

아들의 말을 늘리는 4가지 방법

그림책 함께 읽기

책을 읽는다는 것은 '같은' 이야기를 공유하는 일이다. 뻔한 일상 대화에서 벗어나 환상적이고 특별한 이야기를 나눌 수 있다. 마치 낯선 사람과 이야기하는 효과가 있다.

엄마가 먼저 말하기

아이가 공감할 수 있는 이야기에 집중한다. 아이가 어제 친구랑 싸웠다면? 엄마가 친구랑 말다툼한 이야기를 들려주자. 감정적 표현을 덧붙여 "친구가 엄마에게 ○○라고 말해서 섭섭했어" 말하면 아이가 집중해서 듣는다.

아이가 좋아하는 질문하기

"오늘 학교에서 뭐 했어?" 엄마들이 매일 하는 질문은 어디서부터 어디까지 말할지가 난감하다. 반면에 아이가 좋아하는 수업 시간을 콕 지목해서 물으면 아이는 금방 대답한다. 말이 짧은 아이도 장난감이나 게임에 대해서는 몇 분이고 신나서 말하지 않던가.

혼내듯 말하지 않기

"오늘 단원 평가 봤지? 몇 점 맞았어?", "학교에 늦게 가서 혼났어?", "숙제 다 했어?", "학습지 다 끝냈니?", "진짜 다 했어? 엄마가 검사할 거야!" 대답이 정해진 질문을 채근하듯 말하면 언어가 발달하기는커녕 아이는 입을 닫는다.

아들에게 놀이는
기본 욕구다

아이들은 5살부터 또래와 '진짜' 어울려 논다. 이전에는 같이 있어도 따로 놀았다면 이 시점부터는 서로에게 맞춰가며 같이 놀기가 가능하다. 유치원이나 학교가 끝나면 다들 정해진 일과처럼 놀이터에서 친구들과 놀다가 집에 들어가는 일상을 반복한다. 이때부터 초등 저학년까지가 친구들과 관계를 맺으며 사회성을 키우는 '놀이터 전성기'다. 유치원 시기에는 짧은 막대기로 땅을 파고 긴 막대기로 칼싸움을 하며 누군가의 제안에 따라 잡기 놀이를 한다. "술래잡기할 사람, 여기 모여라!" 누군가 엄지손가락을 쭉 내밀면 낯선 아이들까지 몰려와서 손가락을 건다. 친한 아이건 덜 친한 아이건, 크게 상관이 없다.

남자아이들은 놀 때 몇 가지 특징을 보인다. ① 무리 지어 놀고, ② 관계보다 놀이를 중심으로 움직이며, ③ 이기고 지는 놀이를 즐기다, ④ 무리 안에서 나름 서열을 만든다. 엄마나 아빠가 아무리 열성을 다해 놀아줘도 주변에 또래가 있으면 눈이 돌아가고 시선이 고정된다. 눈망울에 큰 글자로 이렇게 쓰여 있다. '나도 같이 놀고 싶어.'

단짝과 인형 놀이를 즐기던 엄마들 눈에는 이해하지 못할 일투성이다. 친구 사이에 다툼이 생겨 "너랑 다신 안 놀아" 말하고 헤어진대도 다음 날이면 언제 그랬냐는 듯 어울린다. 순한 친구와 평화롭게 놀면 좋으련만 정작 아들은 말썽꾸러기 친구들 사이에 끼고 싶어서 주변을 맴돈다. 심지어 엄마들이 가장 싫어하는 대장 놀이(한 명이 대장이고 나머지가 부하 역할을 하는 놀이)에도 매번 부하로 열심히 참여한다. 엄마 입에서는 이런 말이 쏟아진다. "왜 넌 계속 부하야? 꼭 쟤랑 놀아야 해? 넌 자존심도 없니?"

그건 남자아이에게 놀이가 얼마나 중요한지 모르니까 하는 말이다. 아이들은 오로지 '놀기' 위해서 유치원이나 학교에 가고 학습지를 한다. 어제 친구랑 싸웠어도 오늘 재미있게 노는 게 자존심보다 중요하고, 순한 친구랑 재미없게 노느니 놀이를 주도하는 친구의 부하가 되는 편이 낫다. 집에서 동생이랑 놀기보다 밖에서 또래나 형과 놀고 싶다. 왜? 더 재미있으니까!

놀이터에서 아이들이 하나둘 사라지는 시기는 초등 2학년 겨울 방학부터다. 3학년부터 영어가 교과목에 등장하고 수학에 분수가 나오면서 아이를 '놀리던' 엄마들도 이제 공부 좀 시켜야겠다고 생각한다. 웬걸, 주변을 둘러보면 이미 학력 격차가 꽤 벌어져 있다. 영어 유치원을 졸업한 아이가 벌써 영어 원서를 읽는다거나 또래 여자아이가 3년째 수학 학습지를 하고 있다는 이야기를 들으면, 아들 엄마들은 다급해진 마음에 놀이터 생활에 마침표를 찍는다.

놀이터 전성기는 아이에 따라 짧으면 3~4년이요, 길면 5~6년이다. 이것도 아이를 좀 놀린다는 집안의 이야기이고, 초등 1,2학년부터 소위 달리는 집들이 많다. 아이들은 놀이터에서 30분쯤 놀다 학습지 선생님을 만나고, 1시간쯤 뛰어놀다 피아노 학원에 간다. 엄마가 직장이라도 다닐라치면 아이는 공부보다 보육을 위해 학원에서 시간을 보낸다. 아이들이 항상 "조금만 더 놀고 싶어요", "30분만 더요, 네?"라고 애원하거나 "친구는 5시까지 괜찮대요"라고 비교하며 자신의 처지를 한탄하는 이유다.

아이들이 학원에 간다 해도 내 아이는 쭉 놀면 되지 않을까? 아직 아이는 충분히 놀아야 할 나이니까. 현실성 없는 이야기다. 아이들이 학원이나 공부방으로 저마다 흩어지는 시기에는 신기하게도 놀기가 공부하기보다 더 어렵다.

"시간이 맞지 않으니 놀 수가 없어요. 일단 영어 학원에 다니면 그걸 중심으로 일정이 쫙 정리되니까요. 월수금 영어 학원에 가면 화목에는 수학과 예체능을 가거든요. 일주일이 금방 지나가죠."
(이제 아이들은 주말 놀기만 가능하다. 그마저도 엄마나 친구끼리 시간을 맞춰야 가능하다. 무릇 놀기란 또래 아이들이 놀이터에 여러 명 서성대고 있을 때 가능하다.)

"다들 일정이 바쁘니까 서로 시간 맞추고 무엇을 할지 정하는 과정 자체가 피곤하게 느껴지죠. 한두 번 노력하다 약속이 틀어지면 나중에는 전화 자체를 안 하게 되거든요. 노는 데도 에너지와 노력이 필요해요."
(같은 아파트나 주변에 놀 친구가 있다는 것에 감사한 나이가 온다. 초등 3,4학년만 되어도 주변에 마땅히 놀 친구가 없어서 억지로 학원에 가거나 혼자 게임을 한다.)

초등 3,4학년이 되면 같은 학원에 다니는 아이들끼리 학원 버스를 기다리면서 잠깐 놀거나 이동하는 사이에 간식을 사 먹는다. 시간이 없으니 틈새 시간에 쪽놀이를 즐긴다. 잠깐이라도 친구와 어울리려면 학원에 가야 한다는 말이 이래서 나온다. 옛 어른들 말씀에 공부도 놀기도 때가 있다고 하는데, 아이들의 바쁜 일상을 보면 그 말이 딱 맞다. 심지어 엄마도 놀이를 공부의 방해물쯤으로 여긴다. "맨날 놀아서 언제 공부하니?", "그만 좀 놀아. 옆집 애들은 다 학원 다니거든." 마치 많이 놀아서 아이가 공부를 못하고 옆집 아이만큼 똑똑하지 않다고 여긴다.

사실 놀이와 공부는 같은 편이다. 에너지 넘치는 남자아이에게 놀이는 건강하게 자라기 위한 기본 욕구에 속한다. 몸에 에너지가 넘쳐흘러서 이것을 다 쏟아내야 아이 마음에 불만이 생기지 않고 나중에 나이가 들어도 못 놀았다고 억울해하지 않는다. 기본 욕구를 풀어줘야 공부를 하든 책을 읽든 한다.

여기서 끝이 아니다. 굳이 '놀이의 마법' 운운하지 않더라도 아들의 놀이에는 숨겨진 장점이 많다. 남자아이는 친구들과 어울려 놀면서 4가지 능력을 한껏 키운다.

📖 능력 ① 눈치 상승

엄마들도 낯선 모임에 가면 상대방을 살피면서 '이 모임의 리더는 저 사람이구나', '초록색 옷 입은 엄마는 나랑 잘 맞겠다' 생각한다. 아이들도 놀이터에서 무리를 지어 놀면서 소위 분위기라는 걸 파악한다. '가만 보니까 저 형이 대장이군', '쟤는 성격이 나쁘니까 조심해야겠어', '다음번에는 나도 밀리지 말아야지' 이런 생각을 하면서 눈치를 키운다. 좀 있는 말로 표현하면 아이의 사회성이 발달한다.

남자아이는 어렸을 때 또래와 어울리며 '싸우고 화해하기' 연습을 해야 한다. 말싸움도 해보고 (가벼운) 몸싸움도 하면서 무리에서 어떻게 행동할지 익힌다. 말하자면 놀이터 생활은 남자아이의 '사회 적응 프로젝트'에 속한다. 고학년에 하면 되지 않겠냐고? 그때는 몸싸움이 자칫 학교 폭력이 될 수 있으니 저학년까지 충분히 놀면서 사회성을 키워야 한다.

📖 능력 ② 말발 향상

아이들끼리 놀면 필연적으로 싸움이 생긴다. 시작은 티격태격 말싸움이다. "이 장난감 내가 먼저 잡았거든. 그러니까 내가 가지고 놀 거야", "네가 선을 넘었잖아. 그러니까 술래지!", "아니거든. 네가 선 넘는 거 봤어?" 이렇게 눈을 부라리며 싸운다. 언어 능력이 부족한 남자아이는 또래 간 말싸움, 즉 자기를 방어하는 동시에 의견을 주장하면서 '진짜' 말발을 키운다.

무리에 말 잘하는 또래가 있다면 금상첨화다. 처음에는 밀려도 나중에는 모방 습득의 원리로 앞선 말발을 따라잡는다. 한집에서 형과 싸우면서 동생의 말솜씨가 확 느는 것과 같다. 참, 말발 향상은 교과서 연계 내용이기도 하다. 2학년 1학기 국어 2단원 자신 있게 말해요!

📖 능력 ③ 체력 증진

아이들은 재미를 느낄 때 자기의 능력이나 한계를 가뿐히 뛰어넘는다. 무려 3시간을 놀아도 "아직 더 놀아야 해요" 말하는 아이들을 보시라. 에너지를 한껏 소진하고도 다시 잡기 놀이를 하면서 스스로 체력을 증진하는 중이다. (열이 나는데 몇 시간을 놀다 집에 가는 아이도 목격했습니다.)

초등학교 고학년이 되면 많은 아이가 '살찐자'가 된다. 줌 수업을 하랴, 학원에서 공부하랴, 앉아 있는 시간이 길어지니 체중만 늘고 체력은 약하다. 선배 엄마가 꺼내는 '체력이 받쳐줘야 공부도 한다'는 말을 절감하면서 다들 생활 체육이라도 보내는 까닭이다. 아들이 놀이터에서 자진해 뛰어놀면 그것만큼 고마운 일이 없다. 아니면 돈을 내고 뛰노는 학원에 보내야 한다.

📖 능력 ④ 시력 보호

유치원 시기의 엄마들은 '응?' 하겠지만 초등 3,4학년 엄마라면 고개를 주억거릴 만한 놀이터의 마지막 혜택이 있다. 놀이터는 아들의 시력을 보호해주는 최적의 공간이다. 줌 수업과 동영상, 그리고 게임과 책에 집중하느라 요즘 아이들의 시력은 매년 급격한 하향 곡선을 그리는 중이다. (책 많이 읽는 아이 중에 눈 좋은 아이는 본 기억이 없습니다.)

교문에서 초등 3,4학년 아이들이 하교하는 모습을 지켜보시라. 대다수가 얼굴에 반짝이는 쌍유리를 달고 있다. 안경을 끼지 않았대도 밤사이 드림 렌즈를 착용한 아이가 꽤 있다. 시력 보호를 위해 가장 유익한 활동이 '바깥 활동'이다. 시야가 탁 트인 밖에서 놀면서 자연스럽게 먼 곳을 볼 수 있어서다.

요즘 아이들은 생각보다 스트레스가 많다. 공부할 것도 천지고, 잔소리 들을 일도 많으며, 친구랑 자주 놀기도 어렵다. 게다가 코로나 시기를 겪으면서 아예 친구와 노는 법을 잊어버린 아이들도 있다. 지금 아이가 놀이터에서 놀고 있다면? 마냥 시간을 허비하는 중이 아니다. 기본적인 욕구를 해소하면서 눈치와 말발 향상, 체력 증진, 시력 보호를 한꺼번에 해내는 중이니 시원한 생수라도 사주며 적극 지지해준다. 주변에 친구가 있고 여유 시간이 있을 때 마음껏 놀아야 한다.

무슨 이야기인지는 알겠는데요, 그렇게 놀면 언제 학원에 가고 공부를 하죠? 경쟁적인 유아 학습에 빠져 있다가 이런 글을 읽는다면 반감이 들 수도 있다. 아이가 어릴수록 충분히 노는 것이 먼저이고 틈틈이 책을 가까이하면 좋다. 엄마들이 서둘러 걱정하는 초등 1,2학년의 교과 과정은 ① 다양한 활동을 통해 아이가 배움에 흥미를 느끼고, ② 책상에 앉아 선생님의 이야기에 집중하며, ③ 교과서나 읽기책 등을 보는 일에 익숙해지는 것이다. 아이가 책을 즐겨 본다면 학교생활의 핵심인 ①, ②, ③이 자연스럽게 해결된다. 지금은 잘 놀고 잘 먹고 재미있게 책을 보다가, 푹 자기를 반복하면 충분하다. '믿거나 말거나'가 아니라 사실이 그렇다.

·Add·

동네 친구 사귀기

놀이 수단이 필요하다

아이가 혼자서 축구공을 가지고 놀면 어느새 다른 아이들이 주변에 모이고 나중에는 여러 명이 축구공을 따라 뛰어다닌다. 아이들이 놀이터에 나갈 때 장난감이나 공을 챙기는 이유는 2가지다. 자기 물건을 뽐내려는 심리와 더불어 그것이 놀이 수단이 되기 때문이다.

같은 시간에 논다

같은 시간과 공간에 모이는 아이들은 대개 비슷한 또래다. 유치원이나 초등학교 저학년 수업이 끝나는 시간은 거의 정해져 있는데, 그 아이들이 대충 어슬렁거리는 곳이 근처 놀이터다. 아이든 엄마든 자주 봐야 말을 섞기가 쉽다.

친구 한 명이 중요하다

무리에 끼고 싶다면 한 명만 공략한다. 같은 반이거나 같은 단지에 살거나 엄마끼리 아는 사이라면 그 친구와 친분을 쌓다가 무리에 낀다. 아이들도 나름 '친구 끼워주기' 원칙이 있다. "쟤는 아는 아이니까 끼워주자.", "쟤 우리 반이야."

운동 학원에 간다

낯선 동네에 이사 갔다면 운동 학원부터 보낸다. 아이들끼리 서로 어울려 몸 놀이를 하면서 자연스럽게 친해진다. 심지어 학원 선생님이 '같이' 어울리게 도와주니 낯선 아이가 기존 아이들과 섞이기 쉽다. 학교 앞 태권도장이나 합기도장이 최적의 공간이다.

캐릭터, 동영상, 게임에 영혼을 판다

유아 시기에 열심히 책을 읽어주었으니 아이가 그 세계에 계속 머문다고 생각하면 착각이다. 단순히 '책이 재미있네, 없네'의 문제가 아니다. 유치원에 갈 때부터 남자아이 곁에는 책보다 재미있는 것들이 줄줄이 번호표를 받아 대기 중이다.

단체 생활을 하면서 아들은 또래가 무엇을 가지고 노는지, TV 광고에 어떤 장난감이 나오는지, 형들이 보는 만화책이 무엇인지 궁금해한다. 또래 문화를 파악하고 흡수하면서 무리의 중심에 서려고 한다. 시작은 TV에서 유행하는 만화 캐릭터다. 가만있자, 우리 집에서도 아들이 빙의했던 과몰입 캐릭터가 타요부터 베이블레이드, 브롤스타즈, 포켓몬카드까지, 열 손가락을 가뿐히 넘긴다.

"아이들이 모이면 각자 팽이 열댓 개는 기본으로 가져왔지요. 어떤 아이는 30개, 40개도 있어요. 그렇게 많은 팽이의 이름과 특징을 술술 말할 때는 다들 천재 같더라고요."

(인기 장난감을 얼마나 가지고 있는가가 아이의 힘이다. 장난감 숫자에 연연하지 않던 엄마들도 아들이 또래에게 밀리는 모습을 보면 바로 마트로 달려간다.)

"게임 캐릭터 브롤이 한창 인기일 때였죠. 학교만 끝나면 저학년 아이들이 분식점 앞에 있는 뽑기통에 줄을 서서 브롤 열쇠고리를 뽑았어요. 500원짜리 동전 한두 개로는 끝나지 않았죠. 자신이 원하는 캐릭터를 뽑기 위해서 계속 동전을 넣었거든요."

(장난감과 게임 회사는 무작위 뽑기 마케팅을 기본으로 삼는다. 그래야 원하는 캐릭터가 나올 때까지 계속 돈을 쓸 테니까. 돈 몇천 원은 금방 사라진다.)

"아이가 편의점을 돌면서 포켓몬빵을 사야 한다고 해서 뭔가 싶었죠. 알고 보니 20년 전에 출시됐던 포켓몬빵이 재판매되는 거였어요. 아이들은 빵에 들어 있는 '띠부띠부씰' 스티커를 모은다고 편의점 투어까지 하더라고요. 빵이 아니라 스티커 수집이 목적인 거죠."

(아이들에게 인기가 있으면 물건을 많이 공급하면 될 터인데, 해당 회사에서는 희소성 마케팅을 위해서인지 일부러 공급량을 줄여 빵의 가치를 올린다.)

"초등학교 2,3학년이 되니까 아이의 취미 생활이 게임이 되더군요. 반 친구들이 즐기는 게임에 빠져서 레벨 올리기에 열심입니다. 예전에는 마트에 가서 장난감을 샀다면, 이제는 게임 현질에 대부분의 용돈을 씁니다."

(초등에 올라가면 하나둘 스마트폰이 생기고, 2,3학년이 되면 남자아이들은 게임에 목숨을 건다. 친구들과 뛰어놀기보다 게임 공간에서 만나 승부를 가리니, 게임 잘하는 친구가 무리의 중심에 선다.)

어른들의 사회에 유행이 있듯 아이들의 세계에도 중심 문화라는 것이 있다. 남자아이들이 만나서 이야기하는 것, 가지고 노는 것, 엄마를 졸라 사는 것의 교집합이다. "너 그거 알아?", "이 장난감 있어?" 각자 보유 중인 장난감을 자랑할 때, 없는 아이가 울면서 엄마에게 뛰어갈 때, 그것은 이미 아이들이 영혼을 빼앗겼다는 증거다.

인기 캐릭터가 아이들 문화를 잠식하는 것은 그야말로 순식간이다. 남자아이는 무리로 놀기를 좋아하고, 또래가 무엇을 가지고 노는지 궁금해하며, 새 장난감이 생기면 자랑하기 위해서 놀이터에 가져간다. 다음 날 무슨 일이 벌어질까? 아이들 손에는 다들 똑같은 캐릭터 장난감이 들려 있다. 유행에는 무리에 끼고 싶은 남자아이들의 절실함이 있다. 아이들이 모여 노는데 당신 아이만 'TV에 절찬리 방영 중인 만화 속 장난감'이 없다고 치자. 여러 개 있는 친구가 빌려주면 좋으련만 불행히도 아이들은 그렇게 배려 깊은 생각을 하지 못한다. "넌 이거 없잖아. 우리끼리 놀 거야." 그리하여 세상 엄마들이 제일 무서워하는 말은 거의 정해져 있다. "엄마, 애들은 다 있는데 나만 없어!"

스마트폰이 낳은 신인류 '포노사피엔스'가 거론되는 요즘, 아이에게 스마트폰을 금지하는 것은 왠지 시대를 역행하는 행위가 아닐까. 인터넷 세상에서 아이는 지구 반대편의 친구와 사귈 수도 있고, 지적 호기심을 충족하기 위해 우주 탐구에 대한 동영상을 볼 수도 있으니까. 그러나 현실에서의 목격담을 이야기하자면 상황이 그다지 긍정적이지만은 않다. 스마트폰이 있다고 아이가 지구 반대편의 친구와 영어로 말하거나 우주 탐구 동영상을 찾아보지는 않는다. (어딘가에는 있을 거예요. 제 주변에 없다는 말입니다.) 대신 스마트폰에 눈을 '박고' 길을 걷거나 학교가 끝나면 건물 구석에서 친구들과 게임을 한다.

자본주의 사회에서 누군가의 시간을 빼앗는 것은 돈을 번다는 의미다. 아이들을 둘러싼 문화 역시 차가운 자본주의의 옷을 입고 있어, 기업은 돈을 벌기 위해 자제 능력이 부족한 아이들이 인터넷 세상에 '오래' 머물도록 치밀한 전략을 짠다. 만화든 게임이든 유튜브든 똑같다. 그리하여 산골 오지에 살지 않는다면 남자아이는 나이별로 거의 비슷한 상황을 겪는다.

유치원에 가면 만화 캐릭터에 빠진다.

초등 1학년이면 닌텐도를 하거나 유튜브를 즐겨 본다.

초등 2,3학년에는 스마트폰 게임을 시작한다.

영상과 게임에 익숙해지면 다른 것들은 전부 재미가 없다.

세상에 '독서 습관'이라는 말은 있어도 '게임 습관'이나 '유튜브 습관'이란 말은 없다. 독서는 꾸준한 노력을 들여야 하지만, 게임이나 유튜브는 노력 여부와 상관없이 빠르게 흡수된다. 창을 켜기는 쉬워도 끄기는 어렵다. 스스로 자제하기 힘든, 아니 왜 자제해야 하는지 모르는 어린아이에게는 더욱 그렇다.

부모가 할 수 있는 최선은 의외로 간단하다. 아들이 자극적 문화를 천천히 흡수하도록 적절한 환경을 제공하고 책의 재미를 먼저 맛보게 하는 일이다. '적절하다'는 것은 아이 나이에 맞는 환경을 말한다. 예를 들어 구체물을 보고 만지며 세상을 알아가는 서너 살 아이에게 자극적인 동영상은 적절하지 않다. TV 만화 주인공에게 푹 빠져 있는 유치원생에게 '어차피 나중에 할 거니까' 미리 게임을 알려줄 이유는 없다. 막 학교에 들어간 아들에게 "너 스스로 자제해봐" 말하며 스마트폰을 건네는 일도 아이를 위함은 아니다. 동영상 시청 외에는 놀거리가 없는 아이에게 잔소리만 쏟아내는 것도 부모의 몫은 아니다. 선택의 기준은 사회의 마케팅 문구가 아니라 아이의 성장 발달에 있다.

유아 시기는 아들이 책과 충분히 놀아야 하는 시기다. 상대적 자극이 없다면 세상을 알아가는 아이에게 그림책은 화려하고 역동적인 놀이 도구다. 책장마다 화려한 그림이 펼쳐지며 신기한 이야기가 담겨 있지 않나. 유아 시기에 책읽기의 즐거움을 풍성하게 저축한 아이는 단체 생활을 시작하면서 영상 매체를 접하더라도 '책은 재밌어'라고 여긴다.

반면 책읽기 경험이 빈약한 아이는 책의 즐거움을 미처 느끼기도 전에 동영상의 현란한 화면과 자극적인 캐릭터에 매몰된다. 무릇 아이들은 강한 자극을 받으면 그 외의 것은 죄다 시시하고 하찮아지기 마련이다. 유아 시기에 유튜브를 보거나 만화에 빠져 있던 아들이 뒤늦게 책의 즐거움을 깨닫기는 힘들다. 언제나 책 다음이 영상 매체다.

·Add·

스마트폰, 나이별 선택 기준

7세, 필요 없다

드물게 스마트폰을 가진 아이들이 7세쯤 생긴다. 부모나 형이 쓰던 것을 물려받는 아이들이다. 등원과 하원 때 어른이 함께 있다면 스마트폰은 아직 필요 없다.

초등 1, 2학년, 통화와 문자가 되면 충분하다

등하교와 동선 확인을 위해 엄마들이 스마트폰을 사준다. 학원마다 등원 문자 시스템을 운영하나 이동하는 사이 위급 상황이 가끔 벌어진다. 아이가 한두 번 학원에 늦게 도착하는 소동이 벌어지면 부모는 꼼짝없이 휴대폰을 알아본다. 통화와 문자만 되면 충분하다.

초등 3, 4학년, 알뜰폰이나 키즈폰이 좋다

학교가 끝나면 다들 방과 후 수업이나 학원에 가니 동선 파악을 위해 휴대폰이 필요하다. 3, 4학년부터 아이들은 친구들끼리 비교 심리가 강하게 작용해 휴대폰이 아니라 스마트폰을 원한다. 특히 남자아이에게 스마트폰의 소지 여부는 게임 가능성을 증명하는 바, 있는 아이들의 어깨가 한껏 올라간다. 와이파이만 가능한 알뜰폰이나 부모가 사용 내용을 제한하는 키즈폰이 좋다.

초등 5, 6학년, 학교생활에 스마트폰이 필요하다

공지사항을 확인하고 과제를 올릴 때 스마트폰이 필요하다. 줌 수업을 하다가 스마트폰으로 과제를 올리거나 수업 시간에 해당 내용을 검색하거나 모둠 과제를 카톡에서 의논한다. 기능적으로 스마트폰이 필요한 나이다. 통화와 문자, (학교와 집) 와이파이는 필수지만, 데이터 이용은 부모의 가치관과 아이의 생활 습관에 따라 갈린다. (데이터는 최대한 늦은 나이에 허용해주세요. 그렇지 않으면 습관적으로 스마트폰을 보는 아이에게 계속 잔소리를 해야 합니다.)

부족한 그리기 실력은
그림책이 채워준다

"우리 아들은 사람을 졸라맨으로 그려놔서 걱정이야."

"그리기가 너무 엉망이야. 미술 학원이라도 보내야 할까 봐."

"저학년에는 그림상이 많다니까 지금부터 준비해야지."

남자아이의 그리기 실력은 여자아이보다 영 떨어진다. 다들 6, 7세가 되면 동네에서 입소문 난 미술 학원에 일찌감치 등록해서 그리기 연습을 하는 이유다. 과거에는 초등 저학년에 각종 그림상이 포진해 있었기에 엄마들이 '그리기 실력'에 더 민감했다. '기본은 그려야지', '상 하나는 타야지'라고 생각했다. (최근에는 그림상을 포함해 각종 상장 수여가 사라졌습니다.)

저학년 남자아이들의 그림을 보면 사람을 졸라맨으로 그리거나 유치원생이 그렸나 싶게 표현이 단순하다. 심지어 고학년인데도 표현력이 부족한 아이들이 꽤 있다. 학교 과제로 무엇인가 그리긴 그렸는데, 그 정체가 모호하거나 조금의 성의조차 드러나지 않는 수준이다. 너무 잘해서 눈에 띄는 것이 아니라, 너무 못해서 '대체 누구 거야?' 시선이 간다.

글씨가 엉망이면 내용이 읽히지 않는 것처럼 그리기가 너무 서툴면 무엇을 표현했는지 궁금하지 않다. 적어도 무엇을 그렸는지 관심이 갈 만큼의 실력은 필요하다. 비단 초등 1,2학년에 국한된 이야기가 아니라 그리기는 초등 6년 내내 유효한 기본 능력이다.

말하기 < 그리기 < 글쓰기

초등학교(특히 저학년)에서 아이들은 '자기 생각 표현하기' 연습을 한다. 학년에 따라 표현 수단의 비중이 달라지는데, 초등 저학년에는 단연 그리기 지분이 많다. 아직 논리적인 글쓰기가 익숙하지 않으니 수업 시간에 말하기와 그리기, 만들기를 자주 한다. 미술 시간에도 그리고, 일기에도 그림을 덧붙이며, 독서록의 그리기 칸도 채운다. "집에서 해오세요"라고 선생님이 말하는 과제나 수행 평가도 대부분이 그리기나 만들기다. 저학년에서 비중이 더 클 뿐, 초등 과정 내내 아이들은 제2의 언어처럼 그림을 사용한다.

유능감을 얻기에도 그리기가 꽤 유용하다. 아이들은 학교에서 무엇인가 해내면 선생님이나 친구들에게 인정받고 싶다. 발표를 하든, 그림을 그리든, 글을 쓰든 말이다. 이때 한눈에 '보이는' 혹은 '전시되는' 결과물은 대개 그림이다. 말이나 글은 전시하기 어렵지만, 그리기는 복도나 교실 벽에 붙여서 남기기 쉽다. 부모들도 내가 그린 그림이 교실 뒤편 게시판에 붙여지던 순간을 기억하지 않나. '그리기를 잘하면 자신감이 생긴다'는 말이 나오는 까닭이다.

고맙게도 그림책을 자주 본 아이들은, 비록 남자아이라도 그리기 실력이 꽤 좋다. 당연하다. 아이들은 긴 세월에 걸쳐 귀와 눈으로 책을 읽었으니까. 아이들의 눈은 아름답고 다양한 그림에 머물러 있었다.

📖 그림책이 미술 선생님이다

유치원 시기부터 초등 저학년까지 아이들은 무엇이든 그리기를 즐긴다. 그림책을 통해 시각적 자극을 자주 받은 데다 소근육이 발달하면서 크레파스나 색연필 잡기에 익숙해진다. 아이들은 그림이나 이야기가 재밌거나 멋지면 금세 따라쟁이가 된다. 가령 나카야 미와의 『까만 크레파스』나 앤서니 브라운의 『마술 연필을 가진 꼬마곰The Little Bear Book』을 읽으면 아이들은 무엇이든 종이에 그려댄다.

마법의 크레파스를 손에 쥔 것처럼 말이다. 보통 유치원 시기에는 좋아하는 그림을 따라 그리거나 나만의 이야기를 만들고, 초등학교에 들어가면 구성이 더 복잡한 만화 그리기를 즐긴다.

📖 기본 환경은 시간과 도구다

자유롭게 놀거나 그림책을 보다 그리기를 즐기면 가장 이상적이다. 엄마는 일정하게 그리기 '시간'을 확보해주고 주변에 미술 '도구'를 놓아주면 충분하다. 특히 미술 도구는 반드시 아이 시선이 머무는 곳에 둔다. 아들에게 미술 도구는 장난감과 같다. 자동차를 가지고 놀 듯 물감이나 색연필을 가지고 종이에서 논다. 아이에게 필요한 준비물은 A4용지 한 묶음, (넓게 그리고 싶을 때) 전지 몇 장, 물감과 붓, 색연필과 사인펜, 크레파스 등이다. 재료가 고급질 이유는 없지만 다양할수록 장점이 많다. 아이는 미술 도구에 따라 색감이나 표현이 다르다는 걸 깨닫는다.

미술 도구를 잘 정리한답시고 책상 서랍에 넣어두면 어떨까. 아들에게 미술 도구는 원래 '없던' 것이 된다. 유치원 시기 남자아이는 그림을 그리려고 일부러 서랍에서 미술 도구를 꺼내오지 않는다. (심지어 있는지조차 기억하지 못합니다.) 눈에 보이지 않으면 '귀찮아' 생각하고 눈에 보이는 장난감부터 잡는다.

🐦 종이에 그리기가 기본이다

아이가 너덧 살만 되어도 편하게 그렸다 지우는 '매직 보드'가 집에 하나씩은 있다. 그림을 그리면 집이 지저분하니 커다란 보드판 하나로 끝내고 싶은 마음은 충분히 이해한다. 다만 그리기의 기본은 종이에 크레파스나 색연필, 물감으로 그리는 것이다. 미술 도구에 따라 색감이나 느낌이 각기 다른데, 그 차이를 알아가는 것이 중요하다. 무엇보다 초등학교에서는 보드판에 그림을 그리지 않는다. 공책이나 스케치북에 그림을 그린다.

7세가 되어 색연필을 자주 사용하면 '글씨 쓰기'에도 유익하다. 손에 색연필을 쥐고 그림을 그리는 과정이 연필을 쥐고 글씨를 쓰는 작업과 비슷하다. 크레파스에서 연필로 넘어가는 것이 아니라 크레파스, 색연필, 연필의 순서가 제일이다. 늦어도 7세에는 연필과 비슷한 지구색연필이나 파버카스텔 색연필을 사용한다.

> 모든 어린이는 예술가다. 문제는 어떻게 하면 이들이 커서도 예술가로 남을 수 있게 하느냐다(Every child is an artist. The problem is how to remain an artist once he grows up).

파블로 피카소의 유명한 명언처럼 아이의 예술성을 키워주고 싶다면 집 안이 좀 어수선해도 미술 도구를 잘 보이게 둔다. 어린이 예술가에게는 언제나 그리기 환경이 필요하다. 첫 번째가 다양한 미술 작품이 담긴 그림책이고, 두 번째가 '눈에 보이는' 종이와 크레파스다.

·Add·

아이 작품 잘 보관하는 법

유치원 시기 아이들은 무엇인가 만들어서 집에 가져온다. 매일 종이꽃, 바람개비, 점토 모형 등을 손에 들고 하원하지 않던가. 모두 보관하기 어렵다면 시기별 정리법이 필요하다.

- 만들기 작품은 1~2주 동안 가족이 오가며 볼 수 있는 곳에 전시한다. 칭찬, 놀람, 감탄을 쏟아내는 전시 기간이다.
- 보관이 어려운 조형물은 사진이나 동영상을 찍되, 날짜와 상황을 파일명으로 저장한다. 나중에 나이별·학년별 폴더에 보관한다.
- 그리기와 같은 평면 작품은 서류 파일이나 상자에 넣어둔다. 크기가 비슷한 작품은 책처럼 제본해두면 보관이 편하다. 의미가 있는 조형 작품은 타임캡슐 상자에 넣어 장기 보관한다.
- 나머지 작품은? 아이가 없는 사이에 싹 치운다. 단, 어설프게 쓰레기통에 버리면 아이가 '버려진' 자기 작품을 보고 통곡하는 상황이 발생하니 주의한다.

아들에게 책읽기는 공부 같지 않은 공부다

'선행'이란 단어에는 묘한 구석이 있다. 유치원 때는 무작정 거부감이 들다가 초등 저학년에는 웬지 관심이 가고 고학년에는 일부 과목에 선행이 필요하다고 생각한다. 학년이 올라갈수록 교과 내용이 갑자기 어려워지거나 해야 할 학습이 부쩍 많아지는 탓이다.

선행에는 꽤 복잡한 요인이 뭉쳐 있어 단순하게 좋네 나쁘네, 말하기가 어렵다. 선행의 대표 과목인 수학을 보자. 학년마다 배우는 개념이 정해져 있는 데다 문제집이 수준에 따라 나뉘어 있어 '우리 아이 수학 머리'에 따라 진도를 빼기 쉽다. "1학년 아이, 지금 2학년 곱셈 풀어요", "기본 문제 풀고 심화로 넘어갑니다" 같은 이야기가 예사말처럼 나온다.

아예 선행에서 열외인 과목도 있다. 아이들의 수준 차가 극명하게 드러나는 영어다. 영어 유치원을 졸업했거나 외국에서 거주했던 아이들은 초등 3학년에 《해리 포터Harry Potter》를 원서로 읽지만, 어떤 아이들은 영어 교과서로 파닉스를 배운다. 워낙 편차가 심하다 보니 영어는 각자 알아서 배우다 중등 전에 문법을 훑는 수준이다. 엄마들 사이에 "영어 교과서 진도가 어떻게 되나요?", "영어는 1년쯤 선행하고 있어요" 같은 이야기는 오가지 않는다.

국어는 어떨까? 수학이나 영어와 달리, 국어를 일부러 배우는 아이들은 많지 않다. 해봐야 국어 학습지를 풀거나 고학년이 되어 논술 학원에 다니는 수준이다. 영어처럼 파닉스를 배우는 것도 아니고 수학처럼 진도를 빼는 것도 애매하니까. 어차피 우리말이 기본이니 잘하겠지, 만만히 생각한다. 선행은커녕 현행을 걱정하는 아들 엄마들에게 선배 엄마들은 국어 학습에 대해 어떻게 조언할까. 대답은 생각보다 간결하다.

"다른 건 됐고 책이나 읽혀."
"초등 시기에는 책만 잘 읽어도 성공한 거야."
"책은 충분히 읽히고 있지?"

비단 국어만이 아니라 초등 전 과정에 책읽기만큼 좋은 대비책이 없다는 이야기다. 특히 언어 능력이 낮고 학과 집중력이 약한 남자아이에게, 책읽기는 개별 영역을 넘어선 가장 만만하고 포괄적인 공부 방식이다. 자, 선배 엄마들의 '책만 잘 읽어도'라는 말을 분석하면 다음과 같은 구체적인 이유가 나온다.

📖 공부의 기초를 쌓는다

초등 시기까지 아이들은 '진짜' 공부를 위한 기본기를 쌓는다. 다른 사람의 지식을 읽고 이해하며 생각을 글로 표현한다. 핵심은 읽기와 쓰기다. 왜 아이들이 학교에서 가장 많이 하는 일이 책(교과서)을 읽고 빈칸에 글씨를 쓰는 것이지 않나. 저학년 때는 책만 잘 읽어도 공부가 쉽고, 고학년 때는 교과서 개념을 이해하는 데 책읽기가 도움이 된다. 초등 공부의 기초 능력은 단연 '읽기'다.

📖 스토리텔링 수학에 익숙해진다

스토리텔링 개념이 도입되면서 국어 외의 교과서에도 글줄이 많아졌다. 글이 가장 적을 것 같은 수학 교과서부터 변했다. 예전 같으면 숫자의 조합으로 연산을 배웠지만, 지금은 하나의 이야기를 통해 개념을 익힌다. 수학책이 점점 국어책을 닮아가고 있다. 1학년 2학기 수학 익힘책 '덧셈과 뺄셈' 부분을 펼치면 다음과 같은 문제가 나온다. 이제 아이들은 '13+4=17'이란 간단한 문제를 풀기 위해서 연수의 일기를 읽어야 한다.

[문제] 연수의 일기를 읽고 공연을 한 사람은 모두 몇 명인지 구해 보세요.

○월 ○일 ○요일

제목 : 재미있는 공연

가족들과 함께 놀이공원에 갔다. 남자 13명과 여자 4명이 모여 태권도 공연을 하고 있었다. 가족들과 함께 재미있는 공연을 보게 되어 좋았다.

📖 글쓰기의 바탕을 만든다

초등 저학년은 일기와 독서록을 통해 '글쓰기' 능력을 키우는 시기다. 글쓰기 실력을 올리는 가장 좋은 방법은 풍성한 책읽기다. 아이가 무엇이든 쓰려면 머릿속에 다양한 이야기, 즉 문장이 채워져야 한다. 그래야 현실에서의 경험을 재료 삼아 새로운 이야기를 엮어갈 수 있다. 책읽기를 좋아하는 아이여야 쓰기에 재미를 붙이기 쉽지, 그렇지 않은 아이가 쓰기를 좋아하는 사례는 보지 못했다. 읽어야 쓸 수 있다. 읽어야 잘못 쓴 글도 확인할 수 있다.

📖 읽었던 그림책을 교과서에서 만난다

초등 저학년 교과서의 수록 작품은 대부분 유아 시기에 재밌게 봤던 그림책이다. 당신이 아이와 읽었던 『치과 의사 드소토 선생님Doctor De Soto』은 2학년 국어 교과서에 나오고, 『리디아의 정원The Gardener』은 3학년 국어 교과서에서 얼굴을 내민다. 아이들은 자신이 읽었던 이야기가 교과서에 나오면 반가운 나머지 수업에 더 집중한다. 산만하게 굴던 남자아이들도 신이 나서 말한다. "엄마랑 같이 읽었던 책이네."

📖 영어 원서 읽기에 도움이 된다

뜬금없이 들리겠지만 책읽기는 영어 공부에 절대적인 영향을 미친다. 당신도 한 번쯤 들어봤을 이야기가 있다. 영어책 읽기는 한글책 읽기 수준을 뛰어넘지 못한다! 한글책을 읽으면서 체득한 언어 이해력이 영어책 읽기의 밑바탕이 된다는 뜻이다. 한글책 읽기가 달리는데, 영어 원서를 능숙하게 읽기는 힘들다. "아이의 AR 지수가 잘 오르지 않아요"라는 고민에 "한글책을 좀 읽히세요"라는 대답이 나오는 이유다. AR 지수(영어권 나라에서 책에 나오는 단어 난이도와 문장의 길이를 계산해서 읽기 수준을 알려주는 독서 지수) 3단계 후반만 되어도 추상적 영어 단어가 쏟아지기에 한글 읽기 수준이 낮다면 그것들을 이해하는 데 한계가 있다.

여자아이보다 언어 능력이 늦게 발현되는 남자아이의 특징을 떠올린다면 앞서 언급한 5가지의 미덕은 의미가 크다. 자칫 학교 생활에서 부족할 수 있는 아들의 약점을 책읽기가 채워주기 때문이다. 만약 당신이 주변 교육열에 자극받아 국어 공부나 시켜볼까, 생각한다면 '다른 건 됐고' 기본적인 책읽기에 집중하시라.

"책읽기는 공부라는 생각이 들지 않잖아요. 재미있는 책을 읽었을 뿐인데 독해력이 좋아져서 교과서를 쉽게 읽으니까요. 문제집을 풀거나 학원에 가서 공부하는 것과는 다르죠."
(책읽기의 최고 미덕은 '목적성'이 강하지 않다는 것이다. 책을 읽으면서 '나는 공부하는 중이야' 생각하는 아이는 거의 없다. 재미있게 책을 읽었을 뿐인데 어휘력이 늘고 배경지식이 쌓인다. 억지로 시키면 무엇이든 거부하는 남자아이에게 딱 좋다.)

"아무 생각이 없는 남자아이라도 중학생이 되어서 공부에 열을 낼수가 있거든요. 한번 해봐야겠다, 결심할 때가 와요. 그때 책읽기가 아이에게 날개를 달아주죠."
(읽기 수준이 낮은 아이는 설령 공부를 결심해도 결실을 얻기가 어렵다. 아

이가 읽어야 할 내용이 너무 길고 복잡하니 중간에 포기하기 쉽다.)

"첫째를 키워보니 나중에 책읽기를 하고 싶어도 시간이 없더군요. 학교와 학원 생활이 워낙 큰 파이를 차지하니까 책읽기에 투자할 수가 없죠. 마음이 조급하니 책에 눈길을 주기도 힘들고요."
(시간 투자가 필요한 책읽기를 중고등에 시작하기는 어렵다. 내신 성적을 올리기에도 정신이 없는데 어찌 책읽기에 시간을 투자하겠나.)

책읽기의 매력은 여기에 있다. 단지 재미있게 책을 읽었을 뿐인데 생각지 못한 효과가 세트로 따라온다. 글을 읽으면서 앞뒤 상황을 파악하려 애쓰고, 새로운 단어를 자연스럽게 익히며, 문장이 의미하는 속뜻을 알아챈다. 만약 책 한 권 읽기를 통해 얻을 수 있는 효과를 국어 학습지로 만들어 광고한다면 다음과 같이 꽤 그럴듯한 목차가 나올 것이다.

1장 독해력 올리기
2장 새 단어 100개 익히기
3장 숨겨진 의미 파악하기

아들을 위한 책육아 기본 방향

읽기 환경을 조성한다

아들이 책과 친해지기 위해서는 일정한 환경 속에서 매일매일의 읽기가 저축되어야 한다. 읽기 환경은 아이가 스스로 만들 수 없다. 부모가 시간과 공간, 분위기를 조성해줘야 가능하다. 그리고 읽기 환경이 언제까지나 통하는 것도 아니다. 보통은 유아 시기부터 저학년까지이고, 느긋하게 셈하면 고학년까지가 최대 유효 기간이다.

취향 저격 책을 들인다

엄마에게는 수십 가지 종류의 책과 여러 가격대의 전집이 눈에 보이지만, 아이에게는 단지 재미있는 책과 그렇지 않은 책이 있을 뿐이다. 그렇다, 아들에게는 책장이 마구 넘어가는 '재미있고 흥미진진한' 책이 필요하다. 내용이 웃기거나, 다음 이야기가 궁금하거나, 아이의 호기심을 채워줄 내용이 담겨야 한다. 다행히 남자아이들은 나이마다 선호하는 것이 비슷비슷해서 책읽기에도 일종의 공통분모가 생긴다.

길게, 여유롭게 본다

유아 학습이 점점 어린 나이로 내려가면서 책읽기의 결과를 일찌감치 확인하려는 부모들이 많다. 마치 유아 시기에 책읽기라는 과업을 다 끝내야 하는 것처럼 조바심을 낸다. 가능하지도 않고 가능할 수도 없는 욕심이다. 아이가 책을 읽는 이유는 단순히 글줄을 빨리 읽는 데에 그치지 않는다. 책으로 생각을 키우고 가치관을 만드는 과정이 훨씬 중요하다.

세상에 가장 속상한 말이 "열심히 했는데 이렇게 될 줄 몰랐어요"가 아닐까. 육아도 마찬가지다. 아이의 성장에 너무 불안하거나 남들 성공담에 심취하면 과한 걱정이나 욕심이 바른 육아를 덮쳐버린다. 내 아들을 제대로 이해하지 못하거나 엄마 방식을 일방적으로 강요해 문제를 일으킨다. 육아는 좀 길게 보고 여유롭게 가야 후회하지 않는다. '이게 아니구나' 깨달을 때는 이미 늦은 순간이다.

Part 2

아들 엄마가 흔히 하는 책육아 고민과 솔루션

"책이 재미없대요."
☑ 아이의 읽기 수준을 파악한다

아들은 '남자아이식' 언어를 사용한다. 여자아이처럼 자기 생각이나 감정을 길고 자세하게 말하지 못하고 '짧고 단순하며 애매하게' 말한다. (동시에 약하게 보이거나 모른다고 말하기는 싫어합니다.) 엄마는 이러한 아들의 표현을 이해하지 못해 종종 답답하다. 아들이 "재미없어" 투덜대면 그것을 곧이곧대로 받아들인다.

남자아이 둘이 노는데 한 명이 보드게임을 하자고 제안한다. 다른 아이는 그것을 해본 적이 없어 낯설고 어렵게 느껴진다. "안 할래. 그거 재미없어."

(그 게임은 한 번도 안 해봐서 잘 모르겠어. 나도 아는 걸 하면 좋겠어.)

또래 몇몇이 놀이터 빈터에서 축구를 한다. 엄마가 "너도 가서 같이 놀자고 해"라고 말하자 아들이 대답한다. "축구 재미없어. 그냥 집에서 놀래."

(한 명이 나랑 사이가 안 좋아. 나도 같이 뛰어놀고 싶은데 왠지 껄끄럽고 불편해.)

아들이 "재미없어"라고 말할 때 그 말을 단순 번역해서 '보드게임을 싫어하네', '축구에 흥미가 없구나' 생각한다면 남자아이식 언어에 익숙하지 않다는 증거다. 아들의 '재미없다'라는 말은 엄마들의 '한번 생각해볼게'와 같이 두루두루 사용되는 표현이다. 만약 당신의 아들이 책을 읽다가 이렇게 말한다면 대개 다음과 같은 이유다. "이 책, 재미없어."

📖 '내용이 지루하네.'

아이가 너덧 살 때, 나는 세밀하고 수려한 그림이 가득한 자연 관찰 전집을 샀다. '그림이 어쩌면 이렇게 멋있을까' 감탄하며 아이도 이 책을 좋아하리라 확신했다. 웬걸, 아이는 별다른 반응을 보이지 않았다. 설명 내용이 지루하게 이어진 탓이었다. '여기 숲속에 사는 동물이 있어요. 동물의 특징은 이러합니다. 그리고…'

아이들은 입체적인 이야기를 좋아한다. 유아 시기 아이들은 주변의 모든 것들이 살아 있다고 생각하는 '물활론'이 머릿속에서 꿈

틀댄다. 돌멩이도 살아 있고, 토끼도 사람처럼 말하고, 여차하면 나무도 걸어 다닌다고 믿는다. 자연 관찰책이 아이의 발달을 이해했다면 이렇게 시작했을 터. 숲속에서 주인공 동물이 튀어나와 인사를 하고 아이에게 자기 발톱이나 털을 자랑하면서 너도 있냐고 물어본다면 어떨까. 아이는 동물 이야기를 흥미롭게 바라보다 자연스럽게 지식을 흡수할 것이다.

✍ '이렇게 두꺼운 책을 읽으라고?'

남자아이가 책을 고를 때는 몇 가지 기준이 있다. 표지와 제목을 쓱 보고 순식간에 두께를 가늠하고는 책장을 휘리릭 넘기면서 글줄이 얼마나 되는지 확인한다. 책이 두껍거나 글줄이 빽빽하면 책을 읽기도 전에 "안 읽고 싶어" 손사래를 친다.

읽기에 익숙해지는 7세부터 초등 저학년까지, 남자아이에게는 두꺼운 책과 글줄 많은 책이 공포의 대상이다. 《코끼리와 꿀꿀이An Elephant & Piggie Book》 시리즈처럼 가벼운 책을 읽다가 《EQ의 천재들Mr. Men and Little Miss》 시리즈와 같이 글자가 많은 책을 펼치면 아이는 '이런 책을 어떻게 읽어' 겁을 먹는다. 심지어 책까지 두껍다면? 아이는 끝까지 읽기 어렵다고 생각해 손을 대지 않는다.

📖 '엄마가 좋아하는 책이잖아.'

여자와 남자가 다르듯 엄마와 아들이 좋아하는 책은 다르다. 엄마들이 "이 책 좋아요"라고 말할 때는 내용이 감동적이거나, 교훈적이거나, 그림이 멋지거나, 지식이 알차게 들어간 그림책이다. 멋진 그림이 이어지다 (부모가 말하고 싶은) 교훈이 나오거나 진한 감동을 주는 책을 가장 선호한다. 한마디로 돈값이 아깝지 않은 책이다.

감정 공감이 약하고 배경지식이 부족한 남자아이는 내용이 웃기거나 사건이 재미있는 책을 좋아한다. 그림책 한 권을 쭉 넘겼을 때 사건이 흥미롭게 진행되는 책에서 재미를 찾는다. 유아 시기에는 엄마가 책을 대신 사준다는 점에서 아들보다 엄마의 취향이 우선시된다. 아들이 좋아하는 책이 아니라 엄마가 선호하는 책으로 책장을 채운다.

엄마들은 인정하고 싶지 않겠지만 사실 남자아이에겐 다음의 이유가 가장 많다.

📖 '나에겐 좀 어려워.'

남자아이를 키우면서 엄마들이 인정하기 가장 어려운 것, 내 아이의 '읽기 능력'이다. 부모의 마음이 원래 그렇다. 아이가 또래보다 앞서면 앞섰지 뒤떨어진다는 사실은 좀처럼 받아들이기 힘들다. 또래 여자아이가 읽기책을 읽는다면 내 아들도 읽기책을 읽어야지, 아직도 그림책을 읽으면 마음이 개운치 않다.

'읽기 어렵다'는 것은 무슨 뜻일까. 낯선 단어가 많아서 이해하기 힘들다는 이야기다. 사실 책을 읽다가 모르는 단어를 만나는 일은 매우 자연스럽다. 아이들은 생판 모르는 단어도 줄거리상 이런 뜻이겠지 생각하거나 엄마에게 물어보며 책을 읽는다. 이러한 유추와 확인으로 아이의 독서 능력이 높아진다. 문제는 유추해야 할 단어가 너무 많아지는 지점이다. 아이들은 책읽기를 그냥 포기해 버린다. 낯선 단어에 자꾸 걸려 넘어지니 읽기 재미가 확 떨어진다. "재미없어"라는 소리가 절로 나온다.

'읽기에 익숙해지는' 초등 저학년에 추상적 개념이 자주 나오면 내용을 이해하기가 어렵다. 추상적 개념이란 아이가 직접 경험할 수 없는 것이다. 나무나 돌멩이는 아이가 보고 만지고 느끼는 구체적 대상이다. 머릿속에 떠올리기 쉽다. 반면 숫자나 시간은 만질 수도, 볼 수도 없는 개념이다. 사람들이 이렇게 정의하자고 약속한 것이라 머리가 좀 커야 쉬이 이해한다. 추상적 개념이 떼 지어 등장하는 책은 역사책이다. '조선 시대 한양이라는 도읍에 청렴한 한 선비가 살았는데…' 문장에 등장하는 한양, 도읍, 청렴, 선비와 같은 단어는 일상생활에서 잘 쓰지 않는 한자어다. 특히 시대를 토막 낸 '조선 시대'와 같은 추상적 단어는 아이들이 이해하기조차 힘들고 어렵다.

대개 엄마들은 아이의 독서 수준보다 '조금 더' 어려운 책을 고르거나 '많이 어려운' 책을 산다. 내 아이의 독서력을 빨리 끌어올리고 싶은 마음과 이왕 사는 거 오래 보고 싶은 욕심이 섞이기 때문이다. (적기 책을 사거나 쉬운 책을 사면 돈이 아깝다고 생각합니다.) 아이의 읽기 수준을 고려한다면 마음의 거품부터 내려놓는다. 아이의 읽기 능력은 외려 쉽고 재미있는 책에서 날개를 단다.

♪ 책이 재미없는 아들을 위한 솔루션

아이의 읽기 수준을 인정한다

남자아이가 여자아이보다 언어 발달이 늦다는 것은 엄마들 사이의 뜬소문이 아니라 과학적 사실이다. 남자아이는 좀 늦을 수 있다, 옆집 여자아이보다 쉬운 책을 읽을 수 있다고 깨끗이 인정한다. 그래야 선입견 없이 아이에게 재미있는 책을 고를 수 있다. SNS에서 추천받은 책이나 엄친아 엄마가 골라준 책이 아닌, 지금 내 아이가 '잘' 읽는 책이 정확한 읽기 수준이다. 집에는 아이에게 맞는 책이 주를 이뤄야 한다.

책읽기에 재미를 쌓는 것이 우선이다

아이가 읽는 책마다 재미없다고 손사래를 친다면 말의 속뜻을 파악하고 '더 쉽고', '더 흥미로운' 책으로 갈아탄다. 지금 쉬운 책을 읽는다고 아이의 독서력이 떨어지는 것도 아니고 아이의 지식 탐색에 해가 되는 것도 아니다. 초등 저학년까지는 읽기에 익숙해지면서 책에 대한 재미를 쌓는 것이 우선이다. 아이가 '책은 재미있어', '더 읽고 싶어' 생각만 해도 성공이다. 그래야 고학년이 되어서도 책을 읽는다.

국어 교과서가 기준이다

읽기 수준의 기준은 옆집 아이의 책장이 아니라 학교에서 배우는 국어 교과서다. 아이가 해당 학년의 교과서를 잘 읽고 이해한다면 문제가 없다. 교과서는 좀 쉽지 않으요, 생각한다면 3학년 교과서를 펼쳐보시라. 이때부터 교과서는 점점 어려워진다. 이외에 학교 도서관, 잠수네, 어린이 출판사 등에서 자체적으로 나이별 혹은 학년별 권장 도서나 추천 도서를 발표하니 참고한다. 학교에서 나눠 주는 독서록 앞장에도 추천 도서가 가득 실려 있다.

"종일 만화책만 봅니다."
☑ 읽기 과도기인지 점검한다

'만화책은 책인가, 아닌가.' 출생 신분에 대한 논의는 엄마들 사이에서 꽤 오랫동안 이어져온 주제다. 아이들이 과하게 혹 빠지니 보여줘야 할지부터가 고민이다. 마음껏 보여주자니 선배 엄마들의 무서운 경험담이 가슴에 툭 걸린다.

"아이가 책은 안 봐도 만화책은 봅니다.", "온종일 만화책만 보네요." 더 으스스한 이야기도 있다. "만화책을 잡기 시작하면서 읽기책은 아예 읽지를 않아요.", "같은 만화책만 보고 또 봅니다." 종종 극단적 결말을 남기며 사라지기도 한다. "속 터져서 만화책은 싹 다 치웠습니다.", "금지하세요. (읽기)책과 멀어집니다." 구구절절 하소연부터 결연한 경고까지, 선배 엄마들의 후기도 다양하다. 하기야 아이가 초등학교에만 들어가도 부모들이 목격하는 장면이란 다음과 같다.

> 어린이 도서관이나 학교 도서관에서 아이들은 만화책'만' 본다.
> 아이들은 용돈이 생기면 서점에 가서 만화책부터 산다.
> 내일 수업 시간표는 몰라도 만화책 신간 출간일은 기막히게 안다.

시중에 나온 만화책을 살펴보면 공통 특징이 있다. 대한민국에서 나고 자랐는데 무지개 색깔로 머리를 염색한 주인공들이 서로 경쟁하거나 적과 싸운다. 공부는 못하지만 과하게 해맑은 아이가 주인공을 도맡고, 머리는 똑똑하나 성격이 차가운 아이가 반대편에 선다. 웃긴 동작이나 말이 심심찮게 나오다 흥미진진한 곳에서 '다음 권에 만나요'라며 이야기가 끊긴다. 이런 느낌, 왠지 익숙하지 않은가. 맞다, 만화책은 그동안 아이들이 익숙하게 봤던 TV 만화를 컷으로 나열한 종이 버전이다. 차이가 있다면 말소리가 글자로 변환되고 종류에 따라 학습적 내용이 끼었다는 것뿐이다.

남자아이가 만화책에 홀라당 빠지는 다른 이유에는 '상대적 즐거움'이 있다. 아이들이 만화책에 몸을 던지는 나이는 7세부터 초등 저학년까지다. 이때 남자아이들은 공부와 책읽기에 대한 심리적 압박을 받는다. 아이들의 마음에 따옴표를 달면 이러하다.

"아직 글줄 책은 어렵다고요. 읽기 힘들단 말이에요."

(초등 1,2학년은 글줄 읽기에 익숙해지는 나이다. 읽기는 읽되 아직 뜻까지 파악하면서 읽기가 힘에 부친다. 자고로 아이들은 힘들면 방어막을 치고 대안을 찾는다.)

"선생님도 엄마도 다들 읽기책을 강요해요. 그림책은 이제 동생들이나 보는 거래요."

(아이가 초등학교에 들어가면 엄마들은 읽기책에 집중한다. 얼른 아이가 읽기책에 적응하다 두꺼운 책으로 넘어가길 바란다. 부모의 심리적 기대가 아이를 힘들게 한다.)

읽기 수준이 여자아이보다 늦된 남자아이는 글줄에 익숙해지는 7,8,9세에 읽기책에 심리적 부담을 느낀다. 분위기상 읽기는 읽어야 하는데 읽고 싶지 않은 기분에 휩싸인다. 그때 만화책이 짜잔 나타난다. 글이 쓰여 있기는 하나 짧고 간결한 데다 이야기 구성까지 기호에 맞으니 책장이 잘도 넘어간다. 완전 취향 저격이다. 남자아이에게 만화책 보기는 심리적 부담에서 벗어나 재미있게 시간을 보내는 취미 생활에 가깝다. 엄마들이 피곤할 때 드라마나 예능 프로그램을 보면서 휴식을 취하는 것처럼 아이들은 만화책을 읽으면서 마음의 여유를 즐긴다.

부모는 만화책을 좀 가볍게 생각할 필요가 있다. 만화책이 홍길

동도 아닌데 굳이 책의 출생 신분을 따질 이유는 없다. 취미 생활을 즐기는 아이에게 과하게 '금지' 팻말을 들 필요도 없고 온종일 하나의 취미 생활만 하도록 '방관'할 이유도 없다. 언제나 취미 생활은 적당히 하는 것이 심신에 이롭다. 아이는 '만화책 읽기'라는 취미 생활을 즐기다 나이가 들면 새로운 것에 관심을 보일 테니까. (초등 고학년이 온종일 만화책만 끼고 산다는 이야기는 들어본 적이 없습니다. 게임을 하면 했지.)

아예 만화책 '금지령'을 내리면 어떨까. 지금은 글줄을 늘려야 하니까, 공부에 도움이 되는 책이 먼저니까, 집 안에서 만화책 '삭제'에 들어간 엄마들의 심정을 이해 못 하는 바는 아니다. 하지만 초등 저학년 남자아이에게 만화책은 일종의 대세 문화에 속한다. 엄마들이 카페에 모여서 "어제 그 드라마 봤어? 남주 멋있더라" 이야기하는 장면을 떠올려보라. 나만 그 드라마 속 주인공을 아예 모른다면 입 다물고 멍하니 들어야 한다. 아이들도 만화책을 이야기하며 동질감을 느끼고 신간 내용을 알려주면서 '문화의 전달자' 기분을 즐긴다. 때론 친구의 마음을 뺏는 결정적 한마디까지 던진다. "우리 집에 그거 있는데, 빌려줄까?"

육아에도 반작용의 법칙이 존재한다. 유기농 건강 식단을 꿈꾸며 군것질을 아예 금지하면 아이는 나중에 불량 식품에 '환장'해서 사탕을 입에 문다. 게임을 막으면 학교 구석에 삼삼오오 모여 친구

스마트폰으로 '몰래' 게임을 한다. 만화책도 마찬가지다. 아이들 문화에 만화책이 이미 터를 잡았는데 내 아이의 삶에서 그것을 싹둑 삭제하면 생각지 못한 부작용이 생긴다. 아이는 그것이 허용된 순간 환장해서 만화책에 몰입한다. 그러니까 다음과 같은 사례가 당신 집에서도 벌어질 수 있다.

"간만에 남자아이들 댓 명이 모여서 놀았어요. 몸싸움하고 칼싸움하고 한창 신이 났는데 한 명만 보이지 않는 거예요. 놀러 온 친구가 두세 시간 동안 만화책만 보다 집에 가더라고요. 나중에 물어보니 집에서 만화책을 아예 막은 경우였죠."

금지된 것은 언제나 원래의 가치보다 더 귀하게 여겨진다. 너무 재미있어서 꼭 봐야 할 초강력 우선순위에 올라선다. 남자아이에게 만화책이 또래 문화에 속한다면 아이는 심리적 박탈감을 느껴 그것을 어떻게든 보충하려 애쓴다. 그 옛날 엄마들이 몰래 하이틴 로맨스를 돌려보던 기억을 떠올려보자. 세상에서 가장 재미있는 책은 언제나 금지된 책이다.

읽기 과도기인지 점검한다

남자아이들은 초등 1,2학년 때 만화책에 혹 빠지다 3,4학년이 되면 덜 집착한다. 이야기 구성이 초등 저학년에게 맞춰 기획된 데다 읽기책에 대한 아이들의 심리적 부담이 크기 때문이다. 즉, 그림책에서 읽기책으로 넘어가는 읽기 과도기에 남자아이들은 만화책을 더 찾는다.

아이의 읽기 능력을 확인한다

책을 좋아하는 아이들은 책도 읽고 만화책도 읽는다. 반면 읽기 능력이 부족한 아이들은 글줄 책이 힘에 부치다 보니 만화책만 본다. 문제는 만화책이 아니라 아이의 읽기 능력에 있다. 만화책처럼 부담 없는 읽기책으로 시작해 읽기 능력부터 올려야 한다.

다양한 여가 활동을 한다

남자아이들은 자기가 누릴 수 있는 여가 활동이 부족할 때 만화책이나 게임에 더 집착한다. 기본적인 에너지를 몸으로 풀어야 한다는 이야기다. 놀이터에서 친구와 뛰어놀거나 축구를 한다거나 아니면 보드게임이라도 해야 한다. 만화책이 하나의 선택지일 수 있는, 다양한 놀이 환경을 만든다.

인기 만점 그래픽 노블

1 　　　　　　　　　　『베르메유의 숲』| 까미유 주르디 | 바둑이하우스

주인공 조는 숲속을 걷다 우연히 요정을 만나고 그들의 구출 작전에 끼게
된다. 신비한 세계에서 신기한 존재와 만나 모험을 떠난다는 줄거리인데,
아름다운 수채화 그림이 이어져 보기만 해도 가슴이 몽글몽글 부드러워
진다. 볼로냐국제아동도서전 라가치상 코믹 부분 수상작.

2 　　　　　　　　　《도그맨Dog Man》| 대브 필키 | 위즈덤하우스 | 시리즈

'이제껏 이런 영웅은 없었다' 카피처럼 몸만 건강한 경찰과 머리만 똑똑한
경찰견이 합체된다는 이야기. 엄마에게는 사람 몸과 개의 머리가 꿰매진
다는 발상이 거부감이 들지만(처음에는 꿰맨 자국을 턱수염으로 오해했
습니다), 남자아이에겐 매우 신선한 이야기로 다가온다. 3권.

3 　　　　《캡틴 언더팬츠Captain Underpants》| 대브 필키 | 보물창고 | 시리즈

만화책 그리기가 즐거움인 조지와 해럴드가 주인공이다. 심술쟁이 교장
선생님과 얽히면서 여러 사건을 벌인다. 선생님이 팬티만 입고 영웅이 된
다는 발상에 남자아이들이 웃겨 넘어간다. 6권.

4 『마녀를 잡아라The Witches』 | 로알드 달 원작·페넬로프 바지외 | 시공주니어

어린이들에게 많은 사랑을 받는 로알드 달의 『마녀를 잡아라』 그래픽 노블 버전. 작가가 어린 시절에 읽었던 작품에 대한 느낌인 '너무 무섭지만 결코 읽기를 멈출 수 없는 이야기'를 만화로 재탄생시켰다.

---

5 『엘 데포El Deafo』 | 시시 벨 | 밝은미래

4살에 뇌 수막염을 앓아 소리를 듣지 못하는 주인공의 자전적 이야기다. 책을 다 읽고 마지막 페이지에서 작가의 어린 시절 사진을 만나면 왠지 진짜 친구를 만난 듯 가슴이 찡해진다. 뉴베리상에서 그래픽 노블 수상.

---

6 《땡땡의 모험The Adventures of Tintin》 | 에르제 | 솔 | 시리즈

모험심 강한 소년 기자 땡땡이 전 세계를 돌아다니며 사건을 해결하는 이야기. 미국과 유럽에서 오랫동안 어린이 만화의 고전으로 자리 잡았을 만큼 유명하다. 글자가 빼곡해서 책 크기가 큰 개정 전 판이 읽기에 낫다. 초등 저학년부터 읽기를 추천한다. 24권.

---

7 《삐삐 그래픽 노블Pippi Graphic Novel》
아스트리드 린드그렌 글·잉리드 방 니만 그림 | 시공주니어 | 시리즈

1945년 탄생한 아동 문학의 고전 '삐삐'의 그래픽 노블 버전. 어른을 두 손으로 번쩍 들거나 온갖 장난을 치는 모습에 아이들의 뜨거운 사랑을 받았다. 추억을 소환하고 싶은 어른들도 아이와 공감하며 읽기에 좋다. 3권.

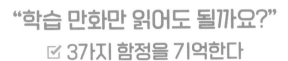

"학습 만화만 읽어도 될까요?"
☑ 37가지 함정을 기억한다

만화책 그림과 글을 섞어서 만든 책. (예)《흔한남매》

학습 만화책 아이들이 학교에서 배울 내용을 섞어서 만화로 엮은 책. (예)《Why?》

그래픽 노블 서사적 성격이 강한 만화책. 만화와 소설의 중간쯤 위치한다. (예)『엘 데포』

학습 만화책은 부모와 아이들을 동시에 공략한 상품이다. 학습이나 교과 내용이 들어가면 부모들은 '이왕 배울 내용이니까', '미리 알아두면 좋겠지' 생각하며 거부감 없이 만화책을 사준다. (어차피 책 살 돈은 부모에게서 나오니까요) 부모의 필요와 아이의 욕구, 출판사의 마케팅이 결합해 학습 만화책 전성기가 시작되었다.

요즘 만화 캐릭터들은 종합 학습 도우미로 맹활약 중이다. 캐릭터가 인기를 얻으면 다들 과학, 수학, 영어, 한자, 역사, 상식 등의 지식을 읊어내는 것이 정해진 수순이다. 우스꽝스러운 이야기로 인기를 누린《흔한남매》의 주인공들이 갑자기 과학 지식을 말하거나 우리말 맞춤법에 대해 강의할지 누가 알았겠는가.

이처럼 학습 만화책이 강세를 보이는 분야는 꼭 알아야 할 낯선 지식이다. 아이들이 몇 장 읽다가 흥미가 떨어져 '어렵다'고 생각하는 분야에서 만화책이 빛을 발한다. 흥미진진한 줄거리로 아이들의 시선을 끌어들인 뒤 지식을 설명하니, 읽다 보면 자연스럽게 배경지식이 쌓인다. (실제로 어떤 개념은 긴 글로 쭉 설명하기보다 그림으로 보여주는 편이 이해가 잘됩니다.) 엄마들이 "다른 건 모르겠고 아이가 잡다하게 아는 게 많아졌어요" 말하는 이유다.

만화책에서 얻은 단편적인 지식이 과연 아이에게 도움이 될까? 아직 배경지식이 부족한 아이에게 '낯설지 않다' 혹은 '어디에서 봤다'는 경험은 생각보다 힘이 세다. 선생님이 무엇인가 질문했을 때 손을 번쩍 들어 "선생님, 저 알아요. 책에서 봤어요" 말하는 아이의 심리는 어떻게 발전할까. 친구들보다 잘 안다는 자신감이 솟구쳐 다음과 같은 환상적인 선순환 구조가 생긴다. 책에서 본 내용을 말했더니 "그런 내용도 아는구나" 선생님이 칭찬한다. 신이 난 아이는 과학책을 더 열심히 보다가 '난 과학이 좋아' 생각한다.

만화책의 또 다른 미덕은 알아서 책장을 넘기게 하는 힘이다. 도서관이건 집이건 아이들이 학습 만화책을 읽을 때 박제된 풍경이 있다. 다들 책상에 만화책을 몇 권씩 쌓아두고 읽는 모습이다. 엄마가 "책 좀 읽으렴" 잔소리할 필요가 없다. '자기 주도 읽기'의 표본이다.

"《Why? 과학》은 교양 서적 같은 느낌이에요. 어려운 개념을 쉽게 설명해주는 데다 책 한 권에 담긴 지식의 양도 적지 않거든요. 아이와 함께 부모가 읽기에도 충분하고요."
(《Why? 과학》이 인기를 얻은 이유는 어려운 과학 개념을 쉽게 풀어주어 아이들이 반복해서 본다는 후기 덕분이다. 고학년이 되어도 잘 본다는 이야기가 나올 만큼 내용이 충실하다.)

"우연히 《마법천자문》에 재미를 붙이더니 반복해서 읽더라고요. 나중에 친구랑 한자 카드로 놀면서 쉬운 한자는 읽는 수준이 되었어요. 어려운 한자를 만화책으로 입문한 셈이죠."
(아이가 한자에 관심을 보일 때 재미 삼아 한자 급수 시험까지 치른 사례도 있으니 꽤 긍정적인 결과다. 《마법천자문》 외에도 《태극천자문》, 《메이플스토리 한자도둑》 등이 있다.)

"우리 역사를 이해하는 데 읽기책은 너무 지루했어요. 낯선 시대

용어가 계속 나오니까요. 한국사를 만화책으로 보여줬더니 재미있게 시리즈를 독파하더군요. 역사의 흐름도 잡았고요."

(저학년부터 고학년까지 재미있게 읽는 것이 역사 만화다.《설민석의 한국사 대모험》이 사건 위주라면《용선생 만화 한국사》는 시대별로 이야기가 이어진다.)

학습 만화책은 잡다한 배경지식을 얻는 데다 어려운 지식을 쉽게 흡수하는 좋은 도구다. 책읽기에 취미가 없던 남자아이가 만화책으로 관심 분야를 발견하고 읽기책으로 넘어간 사례도 있다. 호환마마 같은 존재가 아니다. 다만 학습 만화책에는 부모가 알아야 할 몇 가지 함정이 있다.

📖 함정 ① 읽기 실력에 큰 도움이 안 된다

만화책은 그림이 주인공이고 글자를 위한 공간은 말풍선이나 지식 박스로 한정적이다. 하얀 종이가 온통 글자를 위해 존재하는 읽기책과는 태생부터가 다르다. 작은 공간에 내용을 넣다 보니 이야기 전개상 꼭 필요한 말만 쓰거나 최대한 축약해서 적는다. 주인공이 말을 많이 하면 말풍선은 터질 것이며 만화책을 읽던 아이들이 지루해질 테니까.

무엇보다 읽기책은 사람의 대사보다 설명글이 많지만, 만화책은 사람의 대사가 대부분이고 설명글이 짧다. 대신 '앗, 팍, 훅, 쓱, 덜컹, 바지직'과 같은 의성어나 의태어가 쓰인다. 문제는 아이들의 문해력이 긴 설명글로 향상된다는 것이다.

[읽기책] "널 만나기 위해 10년 동안 찾아다녔다."

오랫동안 방랑 생활을 한 주인공은 무척 피곤해 보였지만

결연한 표정을 짓고 있었다.

vs

[만화책] "널 만나기 위해 10년 동안 찾아다녔다."

(결연한 표정을 한 주인공 그림 위에 '두둥' 글자가 적혀 있다.)

📖 함정 ② 부수적 이야기가 과하게 붙는다

학습 만화책은 아이들이 좋아하는 줄거리를 바탕에 깔고 지식을 곁들인다. 적과의 대결이나 모험, 경쟁과 우승, 마법 세계, 타임머신 등의 이야기가 자주 나온다. 일부 지식을 설명하기 위해 부가적 이야기가 과하게 붙는 셈이다.

아이들에게 지식의 양과 재미는 반비례한다. 지식보다 이야기가 많아야 더 재미있다. 드라마를 보는데 주인공이 복수하기 직전에

이렇게 말한다고 치자. "남편을 찾아가기 전에 어떻게 논리적으로 말할 수 있는지 알아봐야겠어." 옆에는 지식 박스, 논리적인 말하기 3단계와 예시가 나열되어 있다. 복수극은 어디로 사라지고 논리적인 말하기라니, 영 재미가 떨어진다.

아이가 만화책을 보는 이유는 지식이 궁금해서가 아니다. 적과 싸우거나 모험을 떠나는 이야기가 재미있어서 혹은 우스꽝스러운 장면이나 표정을 보기 위해서다. 아이가 《내일은 실험왕》에 한창 빠졌을 때였다. "엄마, 오늘 서점에서 꼭 사야 할 책이 있어요!" 인터넷에서 찾으니 만화책 표지에는 '빅뱅 우주론'이란 제목이 쓰여 있었다.

"아들, 우주에 대해 궁금하구나?"

"그게 아니라 지난 책에서 한국팀과 미국팀이 실험 대결을 벌였는데 이번에 점수 발표를 하거든요. 어디가 이겼는지 꼭 봐야 해요."

아이는 빅뱅 이론 따위는 전혀 궁금하지 않았다. 그저 어느 팀이 몇 점으로 이겼는지가 중요했다. '빅뱅 우주론'이란 글자에 꽂히는 건 부모뿐이다. 아이들은 수학을 좋아해서 수학 만화를 보고, 과학을 좋아해서 과학 만화를 보지 않는다. 엄마들이 농담 삼아 《수학도둑》을 읽었더니 나중에 도둑만 남더라고요"라고 말하는 까닭이다. (출판사 관계자분, 저는 《수학도둑》을 사랑합니다.)

📖 함정 ③ 아이들은 지식 박스를 가뿐히 건너뛴다

엄마들이 학습 만화책을 흔쾌히 사주는 이유는 지식 박스가 있어서다. 만화 중간에 관련 내용을 빼곡하게 적어놓은 부분 말이다. 작은 말풍선에 내용을 모조리 넣을 수 없으니 관련 내용은 대개 '지식 박스'에 적는다.

부모의 바람과 달리 아이들은 만화책을 볼 때 지식 박스를 경쾌하게 건너뛴다. 추가적인 내용인 데다 글이 많고 빽빽하니까 뒷이야기를 보기 위해 얼른 책장을 넘긴다. 아이가 지식 박스까지 읽으려면? 만화책을 너무 여러 번 읽어서 '지식 박스에 있는 내용이라도 읽어볼까' 생각할 때다. 우리 아들이 과학 만화책에 나온 '아르키메데스의 원리'를 외워서 엄마를 깜짝 놀라게 한 적이 언제였던가. 오, 그것은 그 만화책을 30번은 넘게 봤을 때였다.

아이가 과학 만화책을 읽는다고 과학 지식이 풍성해지기를 과하게 기대하거나, 반대로 시간을 낭비하며 만화책만 읽는다고 잔소리할 필요는 없다. 아이는 만화책을 통해 여유롭게 자신의 시간을 즐기면서 지식을 얻는 중이니, 마음 편하게 생각하자. '아이가 잡다한 지식을 습득하면서 즐겁게 시간을 보내고 있구나.'

읽기책과 병행한다

초등 저학년은 아이가 만화책에 빠지는 동시에 읽기책에 적응해야 하는 시기다. 만화책을 통해 아이의 호기심을 확장하되, 몇 가지 조건을 달아 읽기책을 병행한다. 아이의 성향마다 조건은 달라진다. 주말에는 도서관에서 만화책을 마음껏 본다거나, 하루 할 일을 끝내면 마음껏 읽는다거나, 지식 박스까지 다 읽어야 한다거나 적절한 읽기 조건을 단다. 기본은 읽기책이고 만화책은 추가 사항이다.

개념을 읽기책으로 확장한다

학습 만화책은 개념을 쉽게 설명해준다. 아이가 만화책으로 개념을 이해했다면 관련 글줄책으로 읽기를 확장한다. 만화책으로 접한 주제라 아이의 거부감이 덜할 터, 읽기와 개념 확장을 동시에 할 수 있다. 『Why? 공룡』을 읽었다면 공룡에 대한 지식책이나 백과사전을 더불어 읽는다.

지식 박스까지 세트로 읽는다

편집자가 책에 얼마나 공을 들였는지 확인하려면 지식 박스를 본다. 어떤 책은 관련 지식을 최대한 풀어서 설명해주는가 하면, 어떤 책은 어디서 긁어온 듯한 내용을 그대로 싣는다. 후자라면 분량 채우기에 급급했다는 증거다. 학습 만화책은 아이와 지식 박스까지 함께 읽는다는 약속이 선행되어야 한다. 지식 박스를 쏙 빼고 읽는다면 학습 만화책이 아니라 만화책에 가깝다.

아들이 사랑하는 학습 만화책

1   《Why? 과학》 | 예림당 | 시리즈

학습 만화책 붐을 일으킨 주인공. 책을 읽고 아이의 배경지식이 늘었다는
엄마들의 후기가 많다. 시리즈답게 암호 화폐와 미세 먼지와 같은 최신 주
제까지 나왔다. 과학이 인기를 얻으면서 인문사회, 한국사, 세계사, 인물
등 다양한 영역의 시리즈까지 간행 중. 단, 출간된 지 오래되어 그림체가
옛날식이다. 100권.

---

2   《에그박사》 | 에그박사 원저·박송이 글·홍종현 그림 | 미래엔아이세움 | 시리즈

유튜버 에그박사의 영상을 바탕으로 제작한 생물 관찰 만화. 책 중간에 아
이들의 호기심을 자극하기 위해서 퀴즈 게임, 도감 그리기, 관찰 보고서
쓰기 등을 넣었다. 7권.

---

3   《마법천자문》 | 유대영 글·홍거북 그림 | 아울북 | 시리즈

손오공이 보리도사를 만나면서 한자 마법의 세계에 빠진다는 이야기. 적
과 싸울 때 "바람 풍"이라 말해 자연스럽게 한자를 익힌다. 한자 카드가 있
어 친구들과 놀이도 겸할 수 있다. 중간에 작가가 바뀌면서 그림이 자극적
으로 변한 것은 아쉽다. 54권.

《내일은 실험왕》 | 스토리 a. 글·홍종현 그림 | 미래엔아이세움 | 시리즈

과학 실험 대회에 참가하는 주인공을 통해 과학적 이론을 재미있게 담은 만화책. 내용과 연결된 '실험 키트' 박스가 세트로 구성되어 아이들이 좋아한다. 시즌1이 50권으로 마무리되고 지금은 시즌2가 출간 중이다. 54권.

《설민석의 한국사 대모험》

설민석, 스토리박스 글·정현희 그림 | 아이휴먼·단꿈아이 | 시리즈

역사를 재미있게 설명해주는 설민석 선생님이 아이들과 함께 역사 속 인물을 만나 각종 사건을 체험한다. 세종대왕, 신사임당, 이순신, 안중근 등을 통해 역사적 사건을 이해하는 식이다. 22권.

《Who?》 | 다산어린이 | 시리즈

한국사, 중국사, 세계인물, 사이언스, 아티스트 등으로 나눠 각 위인과 인물을 소개한다. 반 고흐나 헬렌 켈러 등 고전적인 위인과 함께 조앤 롤링, 앤디 워홀, 버락 오바마, 빌 게이츠 등과 같은 현대 인물을 다룬 것이 특징. 아이들의 공감 지수를 높이기 위해 위인과 인물의 어린 시절 이야기에 비중을 두었다. 226권.

《퀴즈! 과학상식》 | 글송이 | 시리즈

과학에 대한 잡다한 지식을 망라해놓은 만화책. 화산, 지진, 전기, 자석과 같은 기본 지식에 드론, 빅 데이터, 3D 프린팅과 같은 최신 과학도 다룬다. 아이들이 좋아할 법한 과학 수사나 두뇌 탐험에 대한 이야기도 있어 골라서 읽을 수 있다. 86권.

"교과 연계책을 빨리 읽히고 싶어요."
☑ 아이의 일상이 곧 교과서다

아이가 예닐곱이 되면 엄마들의 뇌 구조에 '초등 준비' 블록이 끼워진다. 몇 년 안에 '진짜' 학부모가 되니 갑자기 마음이 분주하다. 책읽기도 교과 과정에 맞춰 변화를 준다. 이제 엄마들은 결과가 뚜렷한 지식책들로 책장을 채우는데, 가장 환영받는 주인공이 바로 교과와 연계된 지식책이다. 여기서 '교과'란 학교에서 가르치는 교육 내용이다.

교과서 수록책 내용 이해를 돕기 위해서 예시로 넣은 글. 국어 교과서에 자주 나온다. 유아 시기에 열심히 읽어주었던 『글자동물원』은 1학년 1학기, 앤서니 브라운의 『나는 책이 좋아요(I Like Books)』는

1학년 2학기 국어 교과서에 수록된 그림책이다.

교과 연계책 초등 과정에서 배울 학습 개념을 쉽게 풀어서 설명한 책. 수학 동화, 과학 동화, 사회 동화, 한국사 등 다양한 교과 연계책이 있다. 주로 지식책 시리즈나 전집이 많다. 『우리 시계탑이 엉터리라고?』는 1학년 2학기 수학 교과서 5단원 '시계 보기와 규칙 찾기' 개념을 이야기로 풀어 쓴 교과 연계책이다.

교과 연계란 수식어가 별것 아닌 듯해도 부모에겐 마음이 든든하고 투입한 돈이 아깝지 않은 부가 효과가 있다. 왠지 미래를 대비하는 기분이 들고 불안한 초등 생활을 위해 보험을 든 것도 같다.

초등을 대비하며 엄마가 교과 연계책을 열심히 사들이는 시기가 6,7세. 사는 이유는 분명하다. 아이가 학교에서 수업할 때 "이거 알아! 책에서 봤어!" 기뻐하며 공부에 흥미를 보이기를 원해서다. 왜 엄마들끼리 하는 말이 있지 않은가. "그 전집은 다 봤죠? 보통 학교 가기 전에 쫙 읽고 들어간다니까!", "사회 전집은 6,7세에는 다 읽더라고요."

이쯤에서 현실적인 조언을 덧붙이겠다. 당신의 아이가 그 개념을 교과서에서 만나려면 꽤 오랜 시간을 보내야 한다. 과학이나 사회에서 연계 개념은 3학년에 약간 나오다가 대부분 4,5학년 교과서에 집중되어 있다. (단, 수학은 초등 1학년 수 세기부터 3학년 분수 개념까지 순차적으로 나옵니다.) 예를 들어 6세에 '물의 순환' 그림책을 읽은 아이는 5년이 지나 4학년 과학 교과서에서 비로소 '물의 여행'을 만난다. 땅에 내린 빗물이 호수와 강에 머물다가 공기로 증발해서 다시 구름이 되는 내용 말이다.

초등 1학년에 엄마들이 서둘러 사주는 한국사나 세계사도 비슷하다. 아이들이 우리나라 역사를 배우는 시기는 5학년으로, 고조선부터 대한민국 정부의 수립까지 쫙 나온다. 미리 역사적 지식을 접하고 싶다면 4학년 겨울 방학에 읽어도 충분하다. 아니, 몰아서 읽는다면 1~2주 전에만 읽어도 된다. 추상적 단어가 많이 나오는 역사책은 아이 머리가 좀 야문 후에 읽어야 효과적이다. 지금은 인물이나 사건에 대한 단편적인 이야기만 읽어도 괜찮다. (저학년 때는 '한국을 빛낸 100명의 위인들' 노래만 줄줄 불러도 도움이 됩니다.)

오해하지 마시길. 지금 교과 연계책을 읽지 마세요, 외치는 중이 아니다. 6,7세부터 교과 연계책에 너무 집착할 필요가 없어요, 설득하는 중이다. 창작이든 지식책이든 아이가 재미있게 읽으면 전혀 문제가 없다. 책이 재미있으면 읽기 능력이 올라가고 동시에 이해력과 사고력, 논리력이 상승한다. 다양한 책들 사이에서 자연스럽게 지식을 습득하며 생각을 키운다. '꼭' 교과와 연계되지 않아도 된다는 말이다.

엄마가 조급함에 들떠 초등 대비 프로젝트에 열을 올린다면 아들은 그 양과 내용에 질려버릴지 모른다. 딱히 회초리만 들지 않았지 엄마가 아이에게 가하는 무언의 눈빛과 잔소리 시리즈가 있지 않은가. "옆집 아이는 벌써 이런 거 다 읽었대. 너도 이 정도는 읽고 학교에 가야지. 나중에 못 따라가면 어떡할래?", "이 전집 사느라고 엄마가 돈을 얼마나 썼는데, 정말 속상하다."

아이는 시간과 함께 성장한다. 해가 갈수록 아이의 머리는 쑥쑥 발달할 테니 학교에서 관련 교과를 배울 때 연계책을 읽어도 늦지 않다. 아이가 5,6년 넘게 장기 기억 장치에 과거에 읽은 내용을 저장하기도 어렵거니와 그 책이 쭉 책장에서 생존하기는 더 힘들기 때문이다.

♪ 아들의 교과 연계 책읽기를 위한 솔루션

지금은 아이의 '일상'이 교과서다

호기심 가득한 남자아이의 책읽기는 '일상생활 연계책'이 제일 효과적이다. 오늘 비가 왔고 아이가 길가에서 지렁이를 봤다면 어떨까. 날씨책, 물의 여행책, 지렁이책이 내 아이의 일상생활 연계책이다. 물의 여행은 고학년에 나온다면서요? 그럼 지금 읽지 않아도 되겠죠? 아이는 생각보다 오랫동안 기억하지 못한다. 꼭 기억해야지, 밑줄을 긋거나 다짐하지도 않는다. 하지만 경험에 바탕을 둔 이야기는 오래 기억한다. 이야기가 연결된 지식은 뇌에 길게 남는다. 오늘 비가 왔고 구름을 봤다면 물의 순환책을 재미있게 볼 터, 책을 읽으면서 사고력을 기른다. "구름이 모여 무거워지면 비가 내리는구나. 비가 오면 지렁이가 땅 위로 나오는 구나." 4학년 교과서에 물의 개념이 나와서 읽는 것이 아니라 자신의 일상과 관련되어 읽는 것이다.

저학년까지는 지식보다 '읽기'에 집중한다

아이가 7세만 되어도 엄마들은 지식책 쇼핑에 열을 올린다. 과목별 지식책을 책꽂이에 한가득 넣어줘야 마음이 놓인다. 하지만 초등학교 저학년은 지식 습득보단 기본적인 읽기에 집중해야 하는 나이다. 읽기와 쓰기에 익숙해지면서 고학년 공부를 대비한다. 지금은 재미있는 읽기책이나 아이가 좋아하는 주제를 담은 지식책이 최고다.

교과서 수록 도서를 읽는다

읽기 능력을 쌓으면서 교과서에 익숙해지고 싶다면 '교과서 수록 도서'를 미리 접한다. 국어와 국어 활동 교과서 뒤쪽에는 책 속에 실린 작품에 대한 정보, 즉 책 제목과 지은이, 출판사가 쓰여 있다. 그림과 사진 자료 외의 책 리스트를 참고해서 읽어본다. 예를 들어 1학년 2학기 국어(가) 교과서에는 5편 남짓의 수록 도서가 있다. 인터넷 서점에서 '1학년 교과서 수록 도서', '3학년 교과서 수록 도서'를 검색해도 관련 책들이 나온다.

"아들이 책을 싫어해요."
☑ 아들에게 필요한 6가지 책읽기 처방전

그림책 『안읽어 씨 가족과 책 요리점』에 등장하는 가족은 집에 책이 많으나 전혀 읽지 않는 사람들이다. 발톱을 깎거나 운동을 할 때 책을 사용할지언정 도무지 읽지 않는다. 그림책 속에 존재하는 가공의 이야기만은 아니다. 옆집 뒷집 살펴보면 온갖 책이 책장에 가득한데 정작 아이는 책을 읽지 않는 '아들 집'이 꽤 있다. 돈과 검색 시간을 투자해 열심히 책을 사들였는데 아이가 관심을 보이지 않으면 엄마는 책이 없을 때보다 더 불안하다. 책에 쓴 돈이 얼만데 본전도 찾지 못한 우울한 심정에 빠진다.

"아이가 책을 싫어해서 걱정이에요. 책읽기는 포기하고 논술 학원에 보내거나 국어 학습지를 시켜야 할까 봐요. 벌써 독서가 처지면 나중에는 어떻게 따라갈지 큰일이에요."

"옆집 아이는 벌써 뒤집기 시리즈를 읽는데 우리 아이는 1학년 읽기책도 버거워하니 어쩌면 좋을지… 책읽기는 고사하고 학원에라도 열심히 보내야겠어요."

"영유 나온 아이는 이제 챕터북을 읽는다는데 우리 집 아이는 한글책 읽기도 버거워해요. 지금부터 학력 격차가 이렇게 벌어지면 나중에는 어떻게 될지 걱정이에요."

믿기지 않겠지만 예비 초등생, 1학년을 둔 엄마들의 이야기다. 이제 막 공부를 시작할 나이일 뿐인데도 '이미 늦었다', '이젠 포기다'라며 책읽기에 대한 극단적인 이야기를 내뱉는다. 많은 수의 엄마들이 일찌감치 책육아를 진행하면서 여기에 합류하지 못한 엄마들은 책읽기에 쉬이 포기를 선언한다. 우리 아이는 막 덧셈을 시작했는데 이웃집 아이는 이미 곱셈 구구를 능숙하게 해내는 듯한 막막한 기분에 빠진다. 읽기 격차에 대한 우울감은 한참 뒤에나 닥칠 미래에까지 영향을 미친다. 지금도 이런데 나중에 대학은 어떻게 가나, 걱정한다. 여기서 잠깐, 걱정은 접어두고 아이의 학습 과정을 장기적으로 살펴보자.

① 유치원 시기는 '먹고 놀고 싸고 자면서' 신체가 성장하고 세상에 호기심을
갖는 때고,

② 초등 저학년은 읽기와 쓰기, 연산을 익히며 공부에 적응하는 나이며,

③ 고학년은 비로소 과목별 개념을 배우는 시기다.

교과서를 보면 기준이 확실해진다. 교과 개념은 3학년에 조금씩
나오다 4,5,6학년에 집중되어 나온다. 심지어 스스로 공부하는 '진
짜' 학습은 중학생부터 시작된다. (물론 계속 안 하는 아이들도 있습니다
만…) 즉, 당신의 아이가 유치원생이거나 초등 저학년이라면 진짜
공부는 아직 시작도 하지 않았다는 뜻이다. '늦었다', '포기다'라는
표현 자체가 어불성설이다.

지금 아이가 책을 싫어한대도 걱정할 필요는 없다. 남들보다 조
금 늦었을 뿐, 지금부터 읽기 유능감을 얻도록 환경을 조성하면 충
분하다. 다시 말하지만, 당신의 아들은 이제 겨우 책읽기 생애에서
출발선을 넘었을 뿐이다. 아이가 책을 싫어한다면 '재미있는' 책으
로 읽기 수준부터 올린다. 그래야 나중에 읽기책이든 지식책이든
읽을 수 있다.

신기하게도 현실에서는 정반대의 시나리오가 펼쳐진다. 아이의
책읽기 수준이 떨어지면 부모는 걱정된 마음에 외려 지식책을 한
가득 사준다. 책읽기가 부족하니 지식이라도 채워서 평균을 맞추
겠다, 생각한다. 갑자기 국어 학습지를 시키거나 논술 학원에 보낸

다. 저학년 시기에 책읽기를 국어 공부로 대체하는 것은 최선도 차선도 아니다.

소리글자 채우기

책을 싫어하는 아이들은 대부분 '듣기'에 약하다. 아이의 언어 발달 과정을 살펴보면 나름의 순서가 있다. 들어야 말할 수 있고, 말해야 읽을 수 있고, 읽어야 쓸 수 있다. 유아 시기에 책을 충분히 접한 아이는 (귀로 흡수한) '소리글자'가 머릿속에 많아서 또래보다 읽기로 쉽게 넘어간다. 소리글자 채우기에는 엄마 목소리가 최고다. 매일 정해진 시간에 엄마가 아이에게 책을 읽어주는 게 좋다. 다음 이야기가 궁금한 전래나 명작 동화는 어떤가. 이야기가 잠깐이라도 끊기면 "엄마, 그래서 어떻게 됐대?" 뒷이야기가 궁금해서 귀를 기울인다. 집중해서 듣다 자신도 모르게 듣기 수준이 올라간다.

음독하기

글을 대충 읽는 아이에겐 '소리 내어 읽는' 음독이 필요하다. 남자아이들은 책이 재미가 없고 읽기에 에너지를 써야 하니 눈으로 대충 훑어본다. 얼른 놀이터에 나가고 싶어서 "엄마, 다 읽었어요" 말만 하지 무엇을 읽었는지 잘 모른다. 음독은 첫 단어부터 마침표가 나올 때까지 또박또박 읽어야 하니까 대충 읽을 수가 없다. 다만 음독 자체가 재미가 없다 보니 집마다 읽기 전술이 필요하다. 예를 들어 전체 책 읽는 시간 중에서 5페이지만 읽기, 엄마와 번갈아 읽기 등 다양한 방법을 실천한다. 녹음도 효과적이다. 사람의 목소리는 실제와 녹음의 결과물이 달라서, 아이들은 자기 목소리 듣기에 흥미를 느낀다. '음독 녹음'은 영어를 공부할 때에도 자주 사용하는 방법이다. 정확하게 발음하도록 도와준다.

취향책 읽기

귀에 소리글자도 채웠겠다, 음독을 통해 책읽기도 연습했겠다, 남은 것은 아이가 좋아할 만한 책을 골라서 읽는 일이다. 시작은 언제나 취향에서 출발한다. 책을 싫어할 뿐, 이맘때 남자아이들은 좋아하는 주제가 하나씩은 꼭 있다. 유치원 시기에 레고, 공룡, 자동차, 기차에 푹 빠진다면, 초등 시기에는 축구나 야구, 로봇을 좋아한다. 아이가 로봇을 좋아한다면 도서관에서 로봇 관련 책을 10권 남짓 빌려오자. 지식책이든 읽기책이든 만화책이든 상관없다. 책을 싫어하는 아이라도 10권 중에서 한 권은 손에 집는다. '한 권'이 계속 쌓이면 그것이 아이의 독서 이력이 된다.

'징검다리책'으로 시작하기

읽기 수준을 올리기 위해서는 재미있지만 쉬운 책이 필요하다. 다만 쉬운 책을 오해하면 안 된다. 동생들이 읽는 수준 낮은 책을 주면 '내용이 유치하다'며 치워버린다. 이야기의 정서 나이가 다르기 때문이다. '쉬운 책'이란 글이 어렵지는 않으나 정서 나이에 맞게 재미있는 책이다. 글줄은 별로 없지만 초등 저학년 남자아이들을 한껏 웃기는 책이다. 가령 아들에게는 만화와 읽기책 중간에 위치해 책장이 술술 넘어가는 책이 좋다. '만화책만큼 재미있는 아들의 첫 읽기책'(272쪽)을 참고한다.

'아는 내용'을 책으로 읽기

만화나 영화로 줄거리를 접한 '익숙한' 책도 진입 장벽이 낮다. 책보다 TV에 익숙한 아이들에게는 일단 재미있는 영상물을 보여주고 주인공 캐릭터에 빠지게 한다. '그' 캐릭터가 나오면 보고 싶어, 생각하게 한 뒤에 관련 읽기책을 옆에 놓는다. '이 주인공, 되게 웃겨', '무슨 이야기지?' 궁금증이 생겨서 책장을 펼친다. 〈캡틴 언더팬츠〉 만화를 보여주고 옆에 슬쩍 책을 놓아주거나, 디즈니 주인공을 좋아한다면 《애니메이션 세계명작동화》를 읽어주는 식이다.

도입 부분 같이 읽기

책을 싫어하거나 어려워하는 아이들은 대개 '도입 부분'에서 포기한다. 이야기 초반에는 배경이나 인물에 대한 기본 설명이 줄줄이 이어지니 지루하기 쉽다. 특히 외국 작가의 이야기에는 낯선 지명이나 이름이 줄줄이 나오니 '모르겠다', '안 읽을래' 생각한다. 이때 엄마가 도입 부분을 읽어주거나 번갈아 읽으면서 지루한 부분을 넘기면 3,4번째 장부터는 혼자서도 잘 읽는다. 진짜 사건이 펼쳐지는 지점까지 아이를 끌고 가는 것이 중요하다. 내용이 '재미있는' 책이라면 그때부터는 이야기가 아이를 끌고 다음 페이지로 넘어간다. 그 재미있다는 《해리 포터》도 1권이 가장 지루하다.

"아들이 평균보다 떨어져요."
☑ 가짜 평균에 속아 열등감을 주지 않는다

부모가 되면 누구나 평균치에 민감해진다.

"5세 아이, 한글 읽나요?"
"6세 남아, 키가 얼마인가요?"
"7세 아이, 셈하기 가능한가요?"
"학습지는 몇 살부터 시작하나요?"
"초1 남아, 수학 단원 평가 몇 점 맞나요?"
"매직트리는 몇 살에 보나요?"

엄마는 내 아이가 '정상 범주' 안에서 잘 성장하는지, 또래 중에 어디쯤 서 있는지 궁금하다. 평균이 궁금한 이유는 딱 그만큼만 하고 싶어서가 아니다. 적어도 평균보다 잘하고 싶기 때문이다. 평균과 위치 확인에 대한 집착은, 역설적으로 초등학교에서 통지표가 의미 없어지면서 더 심해졌다. 초등학교에서는 웬만하면 각 교과목에 '잘함' 도장이 찍히니까, 중학교까지는 A등급을 받기 쉬우니까, 도대체 내 아이가 얼마나 하는지 정확히 알 수가 없다. 초등만 들어가도 대형 학원의 무슨 레벨 반에 속하는 것이 일종의 학습 인증서처럼 여겨지는 이유다. 우스갯소리로 고1 모의고사를 치르고 받은 첫 등수에, 그동안 '잘함'과 'A등급'에 안도했던 엄마와 아들이 동시에 충격을 받는다고 하지 않던가.

아이를 키우는 엄마들은 각자 육아에 나름의 소신이나 가치관이 있다. 아이는 충분히 놀아야지, 옆집과 비교하지 않을 거야, 스트레스 주지 말아야지, 책만 잘 읽으면 충분해, 이런 이상적인 교육관이 있다. 하지만 어둡고 흉흉한 전언은 생각보다 힘이 세서 불안한 이야기들이 놀이터를 한 바퀴 돌면 다들 일찌감치 학원을 알아보고 등록을 끝마친다.

과연 '아이들의 평균치'는 어디서 오는 걸까. 기본 자료는 대부분 다른 아이들의 발달 상황이다. 아이가 어떤 단계를 넘어서면 엄마들은 그것이 너무 신기하고 행복해서 서둘러 인터넷에 인증 사진이나 글을 올린다. "우리 아이가 한글을 뗐습니다." 어떤 비싼 교구나 전집을 사면 쓴 돈에 대한 보상 심리로 인터넷에 후기를 올린다. "내돈내산 전집 후기 올립니다." 말만 안 했지 다들 '열심히 육아하고 있습니다' 증명하는 중이다. 이러한 인증들이 모여 생생한 비교 기준이 된다. 그런데 증거 사진에는 하나 생략된 것이 있다. 아이가 두꺼운 책을 소파에서 평화롭게 읽을 때 사진을 찍어 SNS에 올리지, 수학 문제집을 풀다 큰소리가 났을 때의 일상을 공유하지는 않는다. 언제나 SNS에는 '더' 뛰어나고 '더' 행복한 장면이 최종 선별되어 올라간다. 상대적 우위에 선 인증이다.

인터넷 카페는 어떨까. "1학년 남아, 어떤 책을 잘 읽나요?" 대부분의 댓글은 책 잘 읽는 아이들의 엄마가 단다. '초1 아이, 책시루 재미있게 읽는 중입니다'(보통 3,4학년에 읽는 책을 벌써 읽고 있군요), '초등 들어가면서 수학 뒤집기 시리즈 넣어주었어요'(이해력이 정말 좋네요, 부럽습니다) 등 자신의 정보를 기분 좋게 오픈하면서 자식 자랑까지 겸한 글들이 많다. '내가 이렇게 책육아에 열성이 있답니다. 내 아이가 읽고 있는 책이 그 증거예요'라고 간접적으로 이야기하는 식이다. 반면 아이가 책에 관심이 없는 엄마들은 이런 글을 눈여겨보지 않고 댓글을 달지도 않는다. 왜냐고? 쓸 만한 이야기가 없으니까!

지금 인터넷에 자랑하지 맙시다, 말하는 중이 아니다. 남다른 '육아 인증'에 동요되어 내 아이를 수준 이하로 보거나 스스로 자책하지 말라는 이야기다. 남들이 만들어낸 이상적인 '평균'에 빠져 아이와의 행복한 시간을 망칠 필요는 없다. 어쩌면 우리가 생각하는 평균이란 SNS에서 자랑하는 엄마들의 평균이며, 학습지 선생님이 당신을 자극하는 마케팅 자료이며, 엄마들이 전하는 엄친아의 결과인지 모른다. (엄친아의 성공담은 최소 10번은 회자되니, 알고 보면 '쟤'가 '얘'인 경우가 있습니다.)

아들을 키우면서 남들이 말하는 평균치에 과몰입하면 쉽게 불행해진다. '우리 아이 이렇게 잘합니다' 엄마들이 올리는 분야는 한글, 연산, 영어, 책읽기 등이다. 5살인데 한글을 읽는다거나, 7살인데 셈을 잘한다거나, 8살인데 두꺼운 책을 읽는 사진에 '좋아요'가 많다.

남자아이가 실제로 잘하는 것들은 어떨까. 아이가 달리기를 잘해서, 태권도 발차기를 높이 해서, 놀이터에서 서너 시간을 줄곧 놀아서 감탄하거나 부러워하는 사람은 없다. (외려 저렇게 놀아도 될까 걱정해줍니다.) 상대적으로 남자아이는 감탄의 대상이 되기 힘들다.

현실에서의 '진짜' 평균은 생각처럼 높지 않다. 다들 5~6살에 한글을 떼는 듯 보이지만 7살에 한글을 배우는 남자아이들이 꽤 있고, 저학년부터 최상위 수학 문제집을 푸는 듯싶지만 실제로는 '디딤돌 기본'이나 '만점왕'을 푸는 아이들이 훨씬 많다.

진짜 평균을 생각한다

유치원 시기에는 수업 시간에 진행하는 누리 교육이 기준이고 초등학교에 들어가면 교과서가 기준이다. 수학이라면 익힘 문제를 잘 풀고 단원 평가를 거의 맞으면 괜찮다. 국어는 교과서를 잘 읽고 학년별 추천 도서를 무리 없이 읽는 게 기본이다. 이러한 기본 실력에 남자아이의 의지가 더해질 때 아들의 진짜 공부가 시작된다.

유일한 비교 대상은 내 아들의 과거다

진짜 비교 대상은 남의 자식이 아니라 내 아들의 '과거'다. 3개월, 6개월, 1년 전의 모습과 비교하여 나아졌는지 따져본다. 다만 부모의 흐릿한 기억은 비교 잣대로 적합하지 않다. 간단하게라도 시기별 발달 상황을 기록해놓아야 한다. (저 역시 아이가 태어나면서부터 성장 기록을 적고 있습니다.) 성장 기록이 빛을 발하는 순간은 부모가 걱정하던 아이의 문제를 되짚어볼 때다. 1년 전에 고민했던 문제가 어느새 사라졌을 때, 예컨대 글줄책을 언제 읽나 걱정했는데 지금 자연스럽게 읽을 때 부모는 새삼 깨닫는다. '아, 우리 아들이 이만큼 성장했구나. 잘 자라고 있구나.'

가짜 평균에 휩싸여 잔소리를 내뱉지 않는다

엄마들은 불안하면 화가 난다. 누군가 말해준 평균에 마음이 쓰여 내 아이를 잡는다. 좋은 의도로 시작한 잔소리도 매일 반복되면서 강도가 세진다. "책 읽었어?", "책 읽었냐고?", "아직도 안 읽었지?", "그래, 읽지 마. 읽기만 해봐라.", "앞으로는 책 사주나 봐라. 저거 다 팔아버릴 거야." 잔소리는 결코 아이를 바꾸지 못한다. 엄마를 싫어하게 만들 뿐이다. 오죽하면 아이들 읽기책으로 『잔소리 없는 엄마를 찾아 주세요』가 나왔겠는가.

시중에 떠도는 평균의 '반'은 마케팅이다

부모는 상대적 비교에서 내 아이가 떨어진다는 이야기를 들으면 확 불안해진다. 무료 테스트나 학습 상담을 해주는 곳에서는 당신의 아이를 있는 그대로 보지 않는다. 부족한 면을 강조하거나 뛰어난 또래와 비교시켜 불안감을 조성해 '가입' 또는 '등록'하게 만든다. 당신이 듣는 '요즘 아이들은요', '열심히 하는 아이들은요', '대치동에서는요'의 반은 마케팅을 위한 서론이다.

아들의 생활 통지표 읽는 법

초등학교의 생활 통지표는 '위인전'이라는 말이 있다. 선생님이 적어준 내용을 읽다 보면 '이 생명체는 내 아이가 아닙니다' 절로 손사래를 칠 만큼 내용이 좋다. 물어보면 옆집 뒷집 다들 훌륭한 말이 가득하다. 초등학생 때는 '잘하는 점은 강조하고 부족한 점은 약하게' 쓰는 것이 일반적인 서술 방식이기 때문이다.

생활 통지표를 볼 때는 교과 평가보다 담임 선생님이 직접 쓰는 '행동 특성 및 종합 의견'에 주목한다. '학습 능력이 우수하고 교우 관계가 원만함'이라고 적혀 있으면 학교생활을 무난하게 한다는 뜻이고, 교과목 수행 능력에서 '탁월하게', '뛰어나게' 등의 수식어가 보인다면 평균보다 잘한다는 이야기다. 남자아이라면 '다소 산만한', '어려움을 겪는', '이해가 부족하여' 등의 표현에 주의한다. '산만하다'는 표현은 수업에 지장을 줄 만큼 집중하지 못한다는 뜻일 수 있다.

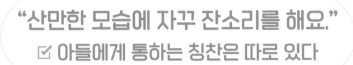

"산만한 모습에 자꾸 잔소리를 해요."
☑ 아들에게 통하는 칭찬은 따로 있다

남자아이는 자신을 어떻게 정의할까? 유치원 시기에는 신체적 특징이나 이름을 딴 별명이 몇 명에게 달린다. 초등 1,2학년이 되면 신체적 특징이나 잘하는 능력, 튀는 면이 수식어처럼 따라붙는다. '달리기 잘하는 아이', '줄넘기 잘하는 아이', '노래 잘하는 아이', '그림 잘 그리는 아이' 혹은 '수업 시간에 떠드는 아이', '친구에게 장난치는 아이' 등이다. 세상 물정을 터득하는 3학년부터는 어른들의 기준이나 또래의 평가가 중요해진다. '영어 발음이 좋은 아이', '수학 잘하는 아이', '단원 평가에서 100점 맞는 아이', '게임 잘하는 아이' 등의 타이틀이 아이들 머리 위에 있다.

아직 가치관이 정립되지 못한 아이들은 선생님과 친구들이 불러주는 정의에 민감하고 그것을 여과 없이 받아들인다. 특히 어른의 말은 무게가 다르다. 어린 나이에는 선생님이나 부모님이 왠지 대단한 존재로 여겨지지 않나. 선생님이 어떤 아이를 '똑똑한' 존재로 여기면 반 아이들도 '그 아이는 똑똑해' 생각한다. 학교 선생님의 칭찬은 공식적인 인정과 같다.

단체 생활에서 남자아이는 여자아이보다 칭찬받는 횟수가 적다. (혼이나 나지 않으면 다행입니다.) 초등 저학년에서는 대개 책상에 가만히 앉아 선생님 말씀을 잘 듣는 아이가 칭찬을 듣는다. 혼자 튀기보다 규칙을 지키며 눈치껏 제 할 일을 잘하는 것이 중요하다. 산만하고 덤벙대며 공부에 욕심이 없는 남자아이는 어떨까. "하지마", "그만", "똑바로 앉아" 등 부정적 지적에 노출되기 쉽다. 심지어 집에 와서도 '무늬만 다른' 부모의 잔소리를 거듭 듣는다. 잔소리를 서라운드 음향 시스템으로 듣는 셈이다. 이렇게 부정적 평가를 반복해서 들은 아이는 유능감을 갖기 어렵다. '나는 부족한 아이, 혼나는 아이'라고 생각한다. 최악의 순간은 부모가 생각 없이 타인에게 부정적 평가를 남발할 때다.

A 키가 많이 컸네. 유치원에서 재미있게 지내죠?

B (아이를 째려보며) 잘 놀면 뭐해요? 공부를 잘해야지. 친구들은 벌써 영어 시작했다는데 우리 아이는 아직 한글도 몰라요. 큰일이에요.

(친구들은 영어도 잘하는데 나는 한글도 모르는구나. 나는 못났어.)

A 달님이도 책을 좋아하죠?

B 책이요? 읽기는 뭘 읽어요. 나중에 논술 학원이나 보내야죠, 뭐.

(책을 안 읽어서 엄마가 짜증이 났구나. 난 엄마 걱정만 시키는구나.)

A 별이는 공부 잘하게 생겼다.

B 어휴, 잘하기는요. 지난번 수학 단평도 80점 맞았는데, 그 집은 100점 맞았다면서요?

(80점은 낮은 점수구나. 엄마가 부끄러워하는구나.)

안타깝게도 아들 키우는 엄마들이 이런 실수를 자주 한다. 마음이야 이해한다. 남들에게 내 자식 자랑하는 것 같아서, 아이의 의욕을 자극하고 싶어서 내심 겸손하게 말했을 뿐이라는 걸. 문제는 아이가 엄마의 말을 생각보다 진지하게 받아들이는 데 있다. 평소 부모 말은 귓등으로 듣던 아이가 엄마가 내뱉는 부정적인 말은 귀신같이 알아채고 기억한다. 세상에서 자신을 제일 사랑하는 엄마가 이렇게 말하니, 나는 못났다고 여긴다.

신기하게도 부정적인 말은 언제나 빠르고 깊게 흡수된다. 멀리 갈 것도 없이 '부정적 정의'는 한때 우리 집에서 현실화되었다. 아들이 수학 문제집을 푸는데 좀 어려운지 다리를 떨거나 지우개를 만지작거렸다. 나는 진득하게 풀지 못하는 모습에 화가 나서 말했다. "왜 이렇게 산만하니? 집중해서 좀 풀어봐!" 내 기억에 비슷한 말을 본새만 바꿔 너덧 번 반복했던 것 같다.

아이의 태도는 차분해졌을까? 웬걸, 그렇게 말했다는 기억마저 희미해진 날, 아이는 대화를 하다가 가장 무서운 방식으로 복수했다. "엄마, 난 원래 산만하잖아. 그러니까…"(그날 이후로 '산만하다'라는 단어를 뇌에서 지웠습니다.)

아직 가치관이 형성되지 못한 아이들은 부정적 피드백에 방어막이 없다. 왜 이렇게 산만하니, 잔소리를 5번 넘게 들은 아이는 스스로를 '산만한 아이' 혹은 '지적받는 아이'라고 생각한다. 부정적인 말을 듣거나 작은 걸림돌에 걸렸을 뿐인데도 '난 안 돼', '난 못하잖아'라고 결론을 내린다.

학교에서 주는 상장만이 공식적인 '잘함'은 아니다. 엄마 입에서 나온 '좋은 말'도 상장 역할을 한다. 부모가 아이의 부족한 점을 애써 들출 이유는 없다. 그것을 반복해서 각인시킬 필요도 없다. 대신 아이가 즐기거나 열심히 하는 것에 긍정적 반응을 남긴다. 없는 말을 지어내라는 이야기가 아니다. 아이가 한 일을 구체적으로 인정해주라는 뜻이다.

"글씨를 바르게 잘 쓰는구나."
"학교 서류 잘 챙겨 왔네. 잘했다."
"그림이 정말 창의적이네. 어떻게 이런 생각을 했어?"
"어쩌면 말을 이렇게 똑 부러지게 하니? 이해가 쏙쏙 간다."

"방과 후 축구 시간에 패스를 멋지게 하더라. 많이 연습한 티가 나더라고."

"이 책을 벌써 읽기 시작한 거야? 대단하네."

부모가 "넌 이런 아이야" 거듭 정의하면 신기하게도 아이는 '말처럼' 자란다. 축구 칭찬을 받은 아이가 축구를 잘하고, 읽기 인정을 받은 아이가 책을 좋아한다. 남자아이는 초등 고학년만 되어도 사춘기가 온다지만, 동시에 중학생이 되어도 엄마에게 인정받고 싶은 아이의 마음을 가졌다. 엄마의 표정이나 말은 아들에게 가장 명징한 거울이다.

영국의 그림책 작가 존 버닝햄의 『에드와르도 세상에서 가장 못된 아이Edwardo : The Horriblest Boy in the Whole Wide World』는 어른의 태도가 아이를 어떻게 변화시키는지 알려준다. 어른들이 쏟아내는 말에 아이는 세상 끔찍한 말썽꾸러기가 될 수도, 가장 착한 아이가 될 수도 있다는 이야기다. 존 버닝햄은 이 작품에 대해 이렇게 말했다. '이 이야기는 작은 칭찬이 아이들의 못된 행동을 멈추게 만드는 동기가 될 수 있다는 걸 보여준다.'[4]

칭찬의 기준을 낮춘다

아들을 키운다면 칭찬의 기준을 낮추고 범위를 넓히는 작업이 필요하다. 엄마가 아니라 아이 기준에서 잘했다면 그 행동이나 태도에 의미를 부여한다. 예를 들어 '학교 서류 챙기기'는 어떤 아이에게는 당연할 수도, 어떤 아이에게는 어려울 수도 있다. 평소에는 잘하지 못했는데 오늘 해냈다면 그 행동을 인정한다. 기준을 엄마가 아니라 '아들'에게 맞추면 남자아이도 칭찬할 구석이나 순간이 많다.

다른 사람이 듣는 데에서 인정한다

아이들은 어른의 칭찬을 공식적인 '인정'으로 여긴다. 또래 친구나 엄마 친구가 함께 있는 순간에 아이의 행동이나 모습을 칭찬하는 습관을 갖는다. "○○가 요즘 책읽기를 꾸준히 해서 너무 예뻐요.", "매일 줄넘기 연습을 하더니 어제는 100회를 넘겼어요." 칭찬을 들은 아이는 부모가 말한 '모습'이 되려고 노력한다.

유능감 얻을 기회를 적극 활용한다

초등 저학년까지는 조금만 노력하면 '잘할' 기회가 많다. 학교의 첫 시험인 받아쓰기나 단원 평가는 조금만 대비하면 누구나 100점을 받을 수 있다. 선생님이 그려준 커다란 동그라미는 생각보다 아이에게 큰 의미로 다가온다. '나도 잘할 수 있어' 생각한다. 1학년에 시작하는 줄넘기 급수 따기도 마찬가지. 굳이 줄넘기 학원에 다니지 않아도 매일 연습하면 친구들 앞에서 솜씨를 뽐낼 수 있다. 줄넘기는 아이가 꾸준히 연습해서 '어제보다 잘한다'고 느끼는 운동이다. 하루 15~20분 연습하면 충분하다.

하나만 잘해도 자존감이 산다

남자아이들은 무리로 놀기를 즐기고 나름의 서열을 만든다. 서로가 인정하는 1등 영역이 각기 존재한다. 이건 누가 잘해, 누군가 물으면 남자아이들은 망설이지 않고 대답한다. "달리기는 대현이가 제일 빨라요.", "게임은 이준이가 잘해요.", "키는 진우가 커요." 초등학교에서는 하나만 잘해도 남자아이의 자존감이 산다. 적어도 달리기는 내가 빨라, 그래도 힘은 내가 세지, 생각하면 기가 죽지 않는다. 아이가 못하는 것에 집중하지 말고 잘하는 것을 키워주는 편이 자존감 살리기에 유리하다.

놀이터에서 뛰어놀다 TV나 책을 보던 과거라면, 책육아에 있어 '기본 세팅'을 운운할 필요가 없을 것이다. 요즘은 아이들 주변에 재미있는 것들이 너무 많아서 탈이다. 아이들을 겨냥한 자극적이고 공격적인 동영상과 게임이 흘러넘쳐 책읽기는 금세 지루하고 시시해진다. 지속 가능한 책읽기를 위해서는 변함없는 환경과 원칙이 필요하다.

Part 3

아들을 위한
책육아 기본 8원칙

원칙 ①
책읽기 세팅은 7가지가 전부다

"전 특별히 해준 게 없어요. 아이가 알아서 책을 읽었어요."

엄마들은 나름 자기만의 착각 인자를 보유하고 있어서 육아 기억을 과장하거나 축소하는 경향이 있다. 긴 시간을 짧게 요약하려니 언뜻 아이가 혼자 해낸 것 같지만 이 문장에는 숨겨진 이야기가 꽤 길다.

"아, 생각해보니 몇 가지 하긴 했네요. 어렸을 때부터 잠자리 독서를 꾸준히 해주었고 아이가 원하면 언제든 책을 읽어주었어요. 아이 손이 닿는 곳에 재미있는 책을 펼쳐 놓았고요. 참, 제가 책을 무척 좋아했어요. 일요일에는 가족끼리 도서관에도 갔고요. 그리고 또…"

반복되는 일상은 특별히 각인되지 않는다. 음악가 집안에서 연주가가 나오거나 연예인 집안에서 연기자가 나오는 일은 유전적 기질에 덧대어진 환경의 영향이 크다. 책읽기 역시 습관과 환경의 결과물이다. 아이가 책에 익숙해지기 위해서는 일정한 분위기에서 매일 읽기를 반복해야 한다. 내가 경험했거나 주변 엄마들이 언급했던 책읽기의 기본 환경, 즉 책읽기 세팅은 다음과 같다.

📖 세팅 ① 새로운 책 표지가 보인다

"나 좀 펼쳐봐, 얼마나 재미있는데!", "이제 모험을 떠날 거야, 같이 가자.", "난 탐정이야, 나랑 같이 범인을 찾아보자." 집 안에 있는 책들은 언제나 손을 흔들며 아이에게 말을 걸어야 한다. 여기서 잠깐, 아이의 영혼을 사로잡는 TV 만화나 게임이 얼마나 자기 알리기에 열심인지 생각해보자. 마트에 가면 모니터에서 화려한 홍보 영상이 나오고 캐릭터 장난감이 줄줄이 전시되어 있으며 할인 행사까지 더해져 한번 사볼까, 생각하게 만든다. 심지어 유치원에 가면 친구들이 알아서 '바이럴 마케팅'을 하는 중이다.

이런 와중에 그림책이 아이들에게 말을 거는 방법은 하나다. 흥미로운 표지로 아이의 시선을 사로잡는 것. 집 안에 재미있는 책이 있고, 표지가 보이며, 그 표지가 계속 바뀌어야 한다. 아이는 무릇 새로운 것에 눈길을 주기 마련이다. '어, 못 보던 건데?', '재미있어 보인다' 생각할 때 책장을 넘긴다.

📖 세팅 ② 친구 책을 주변에 둔다

한 번쯤 유튜브를 보다가 시간 강탈 현상을 체험했을 것이다. 10분만 보고 꺼야지 했는데, 어느새 1~2시간이 훌쩍 지나가버린 경험 말이다. 10분이 2시간이 되는 마법은 유튜브 알고리즘에서 비롯된다. 사용자가 봤던 동영상을 분석해 그것과 비슷한 주제를 계속 노출해 클릭을 유도한다.

책읽기도 똑같다. 아이가 A라는 책을 재미있게 봤다고 치자. 비슷한 주제의 책을 계속 보이게 놓는 것이 엄마식 노출법이다. 아이가 로봇을 좋아한다면 로봇에 대한 지식책이나 이야기책을 다양하게 둔다. 아이는 비슷한 주제 속에서 골라 읽는 재미를 느낀다.

📖 세팅 ③ 책은 단계식으로 노출한다

읽기 능력이 성장하는 시기에는 '단계식' 노출 방식이 기본이다. 지금 아이가 읽기에 적당한 책을 중심에 놓되, 아이에게 쉬운 책과 어려운 책을 이웃해서 노출한다. 아이들은 내용이 재미있으면 좀 어려운 책을 펼치기도 하고, 피곤한 날에는 만만한 책을 보기도 한다. 특히 좋아하는 주제라면 다소 어려워도 조금이라도 '더' 보려고 노력한다.

아이가 7,8세가 되어 첫 읽기책을 읽는다고 치자. 책장에는 이제까지 익숙하게 읽었던 그림책(쉬운 책), 《개구리와 두꺼비Frog and Toad are Friends》(지금 읽기에 딱 좋은 책), 글줄이 더 많은 책(좀 어려운 책)을 같이 둔다. 언제든 아이가 읽기 단계를 넘나들 수 있도록 말이다. 아이의 읽기 수준은 단계식으로 올라가는 특성이 있다. 수준에 맞는 책을 꾸준히 읽으면 다음 단계로 올라가는 감동적인 순간이 온다. 한글책이든 영어책이든 마찬가지다.

📖 세팅 ④ 책은 무조건 재미있어야 한다

엄마에게는 책 종류가 창작 동화, 수학 동화, 과학 동화, 사회 동화, 철학 동화, 자연 관찰책 등으로 나뉘지만, 남자아이에게 책은 오직 2가지뿐이다. 재미있는 책과 재미없는 책. 어떤 출판사 책이 아니라, 얼마나 비싼 전집이 아니라, 재미있는 책이 아이 주변에 있어야 한다.

남자아이는 일단 책 표지를 보고 읽을지 말지 결정한다. 자기가 좋아하는 주제인가, 내용이 재미있나, 그림체가 웃기나 등이 선택 기준이다. 아이들의 후기는 생각보다 간결하다. 책을 읽고 "이 책 재미있다"라고 말하지, "책의 내용이 저에게 도움이 되는 것 같아요"라고 평가하지 않는다. 아들이 책을 읽는 이유는 오로지 재미있기 때문이다.

📖 세팅 ⑤ 일정한 시간에 읽는다

유치원이나 학교에서 돌아온 뒤에는 책부터 읽는다, 놀이터에서 놀다 오후 4시부터 책을 읽는다, 학원에 다녀와서 저녁을 먹은 뒤에는 책을 읽는다, 이렇게 붙박이로 정해놓고 시간을 비워둔다. 항상 '그 시간'에 책을 읽으면 아이 몸이 책읽기를 기억한다. 엄마가 굳이 "책 읽어야지" 말하지 않아도 아이 스스로 '책 읽을 시간이네. 오늘은 어떤 걸 읽을까' 생각한다. 다시 말해 '읽을까 말까'를 선택하는 게 아니라 '무엇을 읽을까'를 고민한다.

우리 집에서는 햇빛이 가득 들어오는 시간에 주로 책을 읽었다. 가장 만만한 시간은 아침 일찍(학교 가기 전에 가볍게 책을 읽으면 머리가 깨어납니다) 혹은 하교하고 난 뒤의 여유로운 오후 시간이었다. 만약 책읽기 시간이 다른 일정에 치여 이리저리 밀리기 시작한다면 어떨까. 이미 책읽기에 빨간불이 켜진 셈이다. 한 달이 지나면 당신은 깜짝 놀라며 이렇게 외칠지 모른다. "이런, 책 안 읽은 지 얼마나 지난 거야?"

📖 세팅 ⑥ 미소를 지으며 읽어준다

책 읽는 시간, 아이는 행복하다. 재밌는 이야기가 있고 맛있는 간식이 있다. 무엇보다 엄마의 체온을 느끼며 같은 이야기를 공유하니 행복 지수가 한껏 올라간다. '엄마는 날 사랑해'를 온몸으로 체험한다.

아이가 글자를 안다고 서둘러 혼자 읽기를 강요해선 안 된다. 아이에게 혼자 읽는 시간을 주고 격려하고 칭찬하면 충분할 뿐, 초등 저학년까지는 부모의 책읽기가 계속되면 좋다. 아이는 여전히 부모의 목소리를 통해 책 세상에 빠지고 싶다. 물론 시간은 과거보다 확 줄어든다. 아이의 읽기 속도가 빨라지면 부모가 읽어준대도 "내가 읽을래" 말하는 순간이 온다.

📖 세팅 ⑦ 아빠가 책을 함께 본다

유치원부터 남녀 성별에 민감해지다 초등에 들어가면 여자는 여자끼리 남자는 남자끼리 뭉쳐서 논다. 이때부터 아들은 남자로서 멋있는 것들을 탐색하고 취합한다. "남자는 이렇게 행동하는구나.", "저런 모습이 멋진 거구나." 아빠를 비롯해 태권도 사범님이나 남자 선생님의 모습, 즉 '남자 사람' 필터를 통해 생존에 필요한 덕목을 습득한다. (아이들은 귀신같이 형의 욕설을 따라 합니다.)

아빠가 틈날 때마다 책을 본다면 어떨까. 책은 좋은 거구나, 당연히 생각한다. 적어도 책을 싫어하거나 멀리하지는 않는다. 여건상 아빠가 아이와 시간을 함께하지 못한다면 위인전이나 인물책을 풍성하게 접하게 해주자. 직업적 성취를 이룬 남성상을 통해 좋은 영향을 받는다.

아이가 느끼기에 읽기 환경은 뭔가 꺼림칙하지 않아야 한다. 내가 책을 읽을 때 엄마 아빠도 책을 읽어야 자연스럽다. (적어도 각자 맡은 일을 열심히 해야 합니다.) 나는 책을 읽는데 엄마는 카톡을 한다면 뭔가 이상하다. 왜 나는 책을 읽고 엄마는 휴대폰을 보지? 왜 나만 공부하고 아빠는 게임을 하지? 아이는 의문과 불만을 품다가 사춘기가 되면 엄마가 강요한 것부터 때려치운다. '어른이니까'로 방어막을 만드는 데에는 한계가 있다. 아이에게 부모가 중요한 이유는, 부모가 일종의 환경이기 때문이다.

읽기 환경 체크 리스트

☐ 책 표지가 노출되어 있나?

아이의 시선이 머무는 곳에 그림책 표지가 보여야 한다. 거실벽 아래쪽에 줄줄이 그림책을 세워놓거나 전면 책장에 표지를 노출한다. 며칠에 한 번씩 표지가 바뀌면 더욱 좋다.

☐ 새로운 책이 있나?

아이는 5살을 넘기면 (좋아하는 책만 반복해서 보고) 새로운 이야기를 원한다. 이제 다양한 이야기를 소화할 나이가 되었다는 뜻. 책을 사든, 도서관에서 빌리든, 전집을 대여하든 풍성하게 이야기를 접하게 한다.

☐ 주제나 단계를 확장할 책이 있나?

아이가 창작 그림책 『이파라파냐무냐무』를 재미있게 읽었다면 주변에 어떤 책이 있어야 할까? 충치와 이 닦기에 대한 그림책인 『치카치카 군단과 충치 왕국』과 충치가 생긴 여우와 생쥐 의사의 관계를 다룬 『치과 의사 드소토 선생님』을 함께 읽는다.

☐ 아이가 좋아하는 주제의 책인가?

좋아하는 책은 두세 번이 아니라 수십 번 반복해서 본다. 아이가 '좋아하는' 책은 언제나 아이 곁에 있어야 한다. 공룡책을 좋아하면 이야기책부터 지식책까지 영역을 넘나들며 본다.

☐ 여유롭게 책 읽을 시간이 있나?

방바닥에 뒹굴며 여유롭게 책을 읽어야 한다. 학원 숙제를 끝내자마자 엄마가 "책 읽어야지!" 말한다면 아이는 좋아하던 책도 덮을 것이다.

☐ 가까운 사람이 같이 책을 읽나?

아이가 책읽기에 익숙해질 때까지 최대한 부모가 책을 함께 읽는다. 독서 공기를 만드는 데는 '가까운' 사람이 가장 효과적이다. 부모나 형제자매가 같이 책을 읽는다.

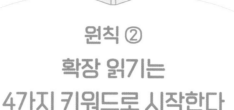

원칙 ②
확장 읽기는
4가지 키워드로 시작한다

아이는 성장하면서 자기만의 읽기 취향이 생긴다. 유아 시기 자동차나 공룡을 좋아했던 아이의 취향은 다양해지는 동시에 강해진다. 초등학교에 들어가면 어떤 책은 깔깔대며 읽지만 어떤 책은 거들떠보지도 않는다. 이때 부모가 주목할 것은 취향의 경계선이 아니다. 아이가 좋아하는 책으로 읽기를 확장하는 일이다.

🐾 키워드 ① 주제

공룡이든 자동차든 로봇이든 레고든 남자아이는 꽂히는 대상이 하나씩은 있다. 대부분 덩치가 크고 힘이 세며 역동적으로 움직이는 녀석들이다. 실제로 남자들에게 많은 (망막) M세포는 움직임을 잘 포착하고 사물의 방향이나 속도를 잘 감지한다. 남자아이들이 자동차처럼 움직이는 것을 더 좋아하는 이유다.[5]

당신도 한 번쯤 들어보았을 것이다. 공룡에 빠진 아이가 어눌한 발음으로 수십 가지 공룡의 이름을 열거하거나, 수많은 종류의 자동차 로고를 구분해가며 차 이름을 내뱉는 증언들 말이다. 부모들을 깜짝 놀라게 하는 아이들의 천재성은 사실 집마다 벌어지는 일상이다. 유아 시기 아이들은 무엇에 꽂히면 자신의 능력을 가뿐히 뛰어넘는 재주가 있다.

5살 무렵, 우리 아들은 초록색 표지의 공룡 백과를 반복해서 보았고, 그중에서 스피노사우루스를 가장 좋아했다. "네가 좋아하는 공룡이 뭐였더라?" 물으면 태연하게 "여기 있잖아"라며 36쪽을 착 펼쳤다. 옆집에서는 티렉스가, 뒷집에서는 스테고사우루스가 최애 공룡이었다.

이럴 땐 이렇게! 아이가 좋아하는 주제가 있다면 '그것'에서 이야기를 확장한다. 아이가 공룡에 꽂히면 도서관에서 '공룡'을 주제로 책을 검색한다. 공룡이 나오는 이야기책부터 지식책과 백과사전, 도감, 종이접기책이 주요 대상이다. 검색어는 공룡을 비롯해 티라노사우루스, 초식 공룡, 육식 공룡, 공룡 백과, 파충류, 멸종 등이다.

🔖 키워드 ② 시리즈

책에서 '시리즈Series'란 같은 종류의 연속 출판물을 말한다. 주인공이 책마다 계속 나오면서 이야기만 달라지는 방식이다. 시리즈는 오랜 시간을 통해 손수 인기를 증명하는 책이다. '난 아이들이 좋아해서 이제까지 30권이나 나왔다고!' 캐릭터가 웃기든 이야기가 흥미롭든, 아이들에게 인기가 있어서 꾸준히 팔린다는 뜻이다.

조애너 콜의 과학 그림책 시리즈 《신기한 스쿨버스The Magic School Bus》는 담임 선생님과 학생들이 마법의 스쿨버스를 타고 각종 모험을 즐기는 줄거리다. 어렸을 때부터 과학을 좋아했던 작가는 흥미진진한 모험에 구체적인 과학 지식과 상상력을 덧대어 엄마와 아이들의 사랑을 동시에 받았다. 아이가 첫 번째 시리즈에 빠졌다면 다른 책에도 도전하자. 검색대에서 《신기한 스쿨버스》를 찾으면 《과학탐험대 신기한 스쿨버스》, (글줄이 부쩍 늘어난) 《신기한 스쿨버스 키즈》, (글줄이 가득한) 《신기한 스쿨버스 테마 과학 동화》의 각 시리즈가 줄줄이 나온다.

《제로니모의 환상모험Geronimo Stilton and the Kingdom of Fantasy》이 우리나라에 소개된 것은 2008년. 시리즈는 해를 거듭하며 29권까지 나왔고 후속으로 '슈퍼 히어로즈', '클래식(명작)' 시리즈까지 나왔다. 이 시리즈는 책 한 권이 400쪽에 달할 만큼 두껍지만, 각종 모험이 흥미진진해서 아이들에게 인기가 많다.

이럴 땐 이렇게! 아이가 시리즈에 빠졌다면 책읽기에 파란불이 켜진 셈이다. 부모는 나머지 이야기를 계속 제공해주면 그만이다. 제로니모를 좋아한다면 주인공이 등장하는 모든 책을 풍성하게 노출해준다. 특히 시리즈는 그림책에서 읽기책으로 넘어간 아이들의 글줄을 늘리는 데 혁명적인 역할을 하니, 주저할 이유가 없다. 10권, 20권 쭉 읽다 보면 읽기 수준이 확 올라간다.

키워드 ③ 작가

한 작가의 작품을 열거해서 살펴보면 관통하는 재치나 재미가 있다. 글 작가라면 기승전결 넘어가는 맛이 다르고 그림 작가라면 한눈에 보이는 특정한 그림체가 있다. 글과 그림을 겸하는 작가라면 책 전체가 하나의 재미를 위해 일사불란하게 움직인다.

칼데콧 아너상을 수상한 모 윌렘스의 작품들을 열거해보자. 국내에 그의 이름을 알린 작품은 『내 토끼 어딨어?Knuffle Bunny Too』이지만, 《코끼리와 꿀꿀이》와 《비둘기The Pigeon》 시리즈에서도 비슷한 재미가 있다. '짧고 웃긴' 이야기는 언제나 남자아이에게 취향 저격이다. 읽기에 큰 노력을 들이지 않아도 재밌게 웃을 수 있으니까.

초등 2,3학년이 되면 '로알드 달'이라는 이름이 익숙해진다. 마치 '이것이 로알드 달의 책입니다'라고 증명하듯 그의 작품에는 독특한 상상력이 녹아 있다. 『멋진 여우 씨Fantastic Mr. Fox』와 『멍청 씨 부부 이야기The Twits』와 같은 얇은 책을 읽다가 『찰리와 초콜릿 공장 Charlie and the Chocolate Factory』으로 넘어가면서 읽기 수준을 올린다.

이럴 땐 이렇게! 8,9세가 되면 아이들은 하나둘 좋아하는 작가가 생긴다. 이때 작가 인터뷰나 관련 사이트를 보여주면서 책에 대한 관심 지수를 끌어올린다. 아이가 《나무 집The Story Treehouse》 시리즈에 빠졌다면 앤디 그리피스의 인스타그램을 공유한다. 작가가 고릴라(탈을 쓴 사람)와 버스에 앉아 있는 모습은 책의 독특한 상상력을 떠올리게 하고, 또래 아이들이 보낸 멋진 트리하우스 레고 작품은 '나만의 트리하우스를 만들고 싶어'라는 창작 욕구를 자극한다.

키워드 ④ 수상작

그림책에 칼데콧상이나 라가치상이 있다면, 읽기책에는 각 출판사에서 수여하는 아동문학상이 있다. 재미를 기준으로 삼는다면 비룡소의 '스토리킹' 수상작이 단연 눈에 띈다. 국내 최초로 어린이들이 심사에 참여해서인지 아이들 입맛에 맞는 작품이 많다. 남자아이들이 좋아하는 《복제인간 윤봉구》,《건방이의 건방진 수련기》,《스무고개 탐정》이 대표적이다. 세 작품 모두 남자아이들의 지지를 받아 후속작이 출간되었다. 창비 '좋은 어린이책'은 최근 수상작들이 재미있다.《고양이 해결사 깜냥》,『엄마 사용법』,『도깨비폰을 개통하시겠습니까?』 등이 손에 꼽힌다. 이 중에서 『도깨비폰을 개통하시겠습니까?』는 아이들의 심리와 엄마의 마음을 잘 담아 분량이 긴 데도 끝까지 읽게 만든다. '문학동네어린이문학상'에서는 타임 슬립을 주제로 한 『시간가게』가 단연 재미있고, 수영부 아이들의 이야기인 『5번 레인』도 인기다.

이럴 땐 이렇게! 수상작 시리즈는 제법 글씨가 많아 초등 3,4학년부터 읽기에 적당하다. 기본적인 읽기 능력을 기른 뒤 수준을 한껏 끌어올리고 싶을 때 활용한다. 수상작 시리즈는 수많은 공모작 중에서 이야기 넘김이 좋고 의미가 있는 작품이 선발된다. 글줄이 좀 많아도 아이가 재밌게 볼 확률이 높다.

'재밌어야 책장을 넘기는' 남자아이의 특성을 생각하면 시리즈만큼 반가운 책 '모음'은 없다. 아이는 재미있는 이야기를 만나면 머릿속에 상상 세계를 구축해놓고 그곳에서 오랫동안 놀기를 원한다. 책 한 권이 주는 여운도 좋지만 시리즈가 주는 이야기의 포만감은 또 다르다.

나 역시 아이가 좋아하는 주인공을 만날 때마다 기쁨에 소리를 질렀다. 유아 시기에 만난 첫 이야기가 《바바파파^{Barbapapa}》였다면 최근에 푹 빠졌던 판타지는 《해리 포터》였다. 아이는 《해리 포터》 시리즈 23권을 다 읽을 때까지 쭉 마법 세계에 살았다. 어디 그뿐일까. 『신비한 동물 사전Fantastic Beasts and Where to Find Them』 등의 번외편까지 찾아 읽으면서 그 세상에 머물기를 원했다. 아이가 책을 읽을 때마다 나는 이렇게 읊조렸다. "롤링 언니, 고맙습니다."

·Add·

지식책, 꼭 읽어야 할까

초등 저학년까지는 책읽기 '재미'를 쌓는 것이 1순위다. 읽기에 익숙해지고 재미를 느낀다면 성공이다. 지식책은 '이런 것도 있구나' 가볍게 접하거나 좋아하는 주제에서 시작한다. 다만 고학년부터는 지식책, 즉 비문학을 접하는 것이 좋다. 먼 훗날의 이야기지만 수능 문제에 비문학이 꽤 출제되는 데다 그 내용이 단순히 소설을 읽다가 풀 수 있는 수준이 아니기 때문이다.

국어 교과서 단어부터 시작한다

영어 단어 외우는 열정의 반만 쏟아서 국어 단어를 외워보자. 초등 3학년부터 교과서에 나오는 개념은 대부분 한자어다. 교과서에 새 단어를 밑줄 긋고 뜻을 풀어가며 외운다.

사회와 과학 개념을 잘 익힌다

사회는 지리, 역사, 정치가 포함되어 있어 비문학의 기초 단어가 가득하다. 과학이나 사회 교과서가 어려운데 비문학책을 좋아하기는 쉽지 않다. 지식책을 싫어한다면 교과서 단어부터 충분히 접한다.

어휘 문제집을 활용한다

어휘가 부족하다면 초등 3,4학년부터 어휘 문제집을 겸한다. 《어휘톡!》은 학년별로 과목별 어휘를 한데 모아서 확인하는 것이 강점으로, 양이 적어서 하루 10분이면 충분하다. 《초등국어 어휘왕》은 학년별 교과 주제에 맞춘 단어를 익힐 수 있다.

원칙 ③
책공기가 가득한
열린 공간에서 읽는다

아이가 예닐곱이 되면 엄마들은 아이만의 공간을 만들어주느라 분주하다. (엄마 생각에) 공부할 나이가 되었으니 교구장이나 장난감은 싹 치워버리고 공부방 만들기에 나선다. 마치 각도 조절 책상이나 인체 공학 의자가 없어서 아이가 공부를 못할 것만 같은 기분에 빠진다.

현실을 말하자면 공부방이 생겼다고 갑자기 아이가 문제집을 풀거나 책을 읽지는 않는다. 초등학교 남자아이들은 기본적으로 산만하고 집중 시간이 짧다. (인터넷에서 즉각적인 정보를 검색하는 요즘은 더욱 그렇습니다.) 학교에서는 선생님 눈치라도 봐야 하니까 억지로 버티는데, 자유로운 공간에서는 무엇인가에 집중하기가 힘들다.

책 좀 읽을라치면 새삼 하고 싶은 것들이 산골짜기 별처럼 쏟아진다. 책상을 정리하고 서랍 청소를 하다 갑자기 만화책을 본다. 공부 빼고 모든 것이 흥미롭다.

"조용한 공간에서 공부도 하고 책도 읽으라고 사양 좋은 책상과 책장을 사주었죠. 문제는 항상 저녁 늦게까지 미룬다는 거예요. 방에서 이것저것 몰래 하다가 들키기 일쑤고요."
(읽기책의 인기 주제가 바로 '몰래' 시리즈다. 남자아이는 엄마 몰래, 선생님 몰래, 친구 몰래 무엇인가 하기를 좋아한다. 인터넷도 하고 게임도 한다.)

"지우개 똥을 모아서 미술 공작을 하고 있더군요. 책은 언제 읽을 거냐고 물으면 금방 한대요. 그렇게 몇 시간을 보내다 결국 다음에 한다고 말하죠."
(종이에 낙서하기, 지우개 똥으로 공작하기, 코딱지로 공 만들기는 남자아이들의 기본 창작 행위에 가깝다.)

아이가 초등학교에 입학하면서 나 역시 야심 차게 공부방을 꾸며주었지만 아들이 그곳에서 책을 읽는 모습은 거의 보지 못했다. (솔직히 책상 의자에 잘 앉지도 않았답니다.) 몇 년을 보내면서 '과연 책상은 어디에 쓰는 물건일까?'라는 의문이 생겼고, 결국 학용품을 보관하는 공간이라 결론지었다.

초등 저학년까지 남자아이에게는 이른바 '책공기'가 필요하다. 주변에 책이 풍성하게 놓여 있고 누군가 같이 책을 읽는 분위기 말이다. 집 가까이에 도서관이 있다면 제일이겠지만 집마다 책공기가 떠다니는 공간은 대부분 가족이 함께 생활하는 거실이다. 남자아이들은 거실 소파나 의자에 앉아서 책을 읽기도 하고 1인 소파나 빈백에서 책을 집어 들기도 한다. 방바닥을 이리저리 굴러다니며 이야기에 빠지는 아이도 있다.

돌아보면 거실은 아이의 모든 것이 이루어지는 '마법 공간'이다. 아이가 태어나서 한참을 기어 다니다 장난감을 가지고 놀며 다시 책을 읽는 공간이지 않나. 특히 산만한 남자아이에게 거실은 책읽기에 무척 이롭다. ① 가족이 책을 함께 보면서 책공기를 만들 수 있고, ② 아이의 책읽기나 행동에 부모가 즉각 반응할 수 있으며, ③ 호기심을 자극할 책과 도구의 비치가 쉽기 때문이다. 게다가 햇살이 가장 환하게 쏟아지니, 책읽기에 더할 나위 없이 좋다.

언뜻 별것 아닌 것 같지만 꽤 중요한 책읽기 요소가 '햇빛'이다. 자고로 책은 밝은 곳에서 읽어야 한다. 햇살이 은은하게 쏟아지면 하얀 종이 위의 검은 글자가 더욱 선명해지고 그림 색채가 춤추듯 살아난다. 어두운 곳에서 조명을 켜고 책을 읽는 것과 자연광이 자연스럽게 스며드는 공간에서 책을 읽는 것은 다르다. 쭉 동향이었던 우리 집에서는, 그래서인지 햇살이 쏟아지는 아침과 오후 시간에 햇살을 쫓으며 책을 보았다.

이미 거실을 책읽기 공간으로 변화시킨 가정은 많다. 거실에 책장을 가득 세워서 책 환경을 조성한 집도 있고, 책장과 TV를 동시에 비치해 책과 동영상을 학습에 한꺼번에 끌어들인 가정도 있다. 형태가 어떻든 그 중심에는 '거실에서 책을 읽는다'는 생각이 깔려 있다.

"거실에 있던 TV를 없애고 중앙에 8인용 긴 탁자를 놓았어요. 한쪽 벽에는 바닥부터 천장까지 맞춤 책장을 놓고 온 가족의 책을 꽂아두었지요. 거실은 우리 가족이 책도 보고 공부도 하고 그림을 그리거나 이야기를 하는 공간입니다. 컴퓨터도 개인 방이 아니라 거실 한쪽에서 사용하게끔 두었어요."

"초등 1학년인 아들의 독서는 거실 곳곳에서 이뤄집니다. 거실을 굴러다니면서 읽기도 하고 소파에 앉아서 읽기도 해요. 식탁에서 간식을 먹으며 보기도 합니다. 아이가 책을 읽을 때는 집안일을 하지 않거나 잔잔한 음악을 틀어서 귀에 거슬림이 없게 하죠."

"남자아이 특성을 참고해서 자유롭게 책을 읽거나 그림을 그리게 했어요. 거실에 전면 책장을 두어서 재미있는 책들을 노출했고, 옆 책장에는 연관된 책들을 풍성하게 꽂아두었죠. 거실 한쪽에 보드판을 걸어두어 무엇이든 편하게 그리게 했습니다."

『거실공부의 마법』을 쓴 오가와 다이스케 역시 '거실 예찬론자' 중 한 명이다. 그는 거실공부를 위해 3가지 아이템을 추천한다. 바로 도감, 지도, 사전이다. 도감이 시각적 자극을 통해 아이의 흥미를 이끌어준다면, 지도는 먼 지역으로 관점을 이동시켜주고, 사전은 어휘력을 키워준다는 것이다.[6]

개인적 경험을 덧댄다면 도감에 대한 추가 설명이다. 과거에는 동물, 식물, 곤충 도감이 전부였지만, 최근에는 자동차, 기계, 건축물, 인체, 강아지 등 주제별로 도감이 다양하다. 엄마들이 도감에 꽂히는 시기는 아이가 사물이나 동물에 관심을 가지는 서너 살. 이때 여러 도감을 사주었다가 아이가 한글을 읽기 시작하면서 집 안의 도감을 싹 치워버린다. '글자를 모르는 나이에 보는 책이지'라고 치부하면서.

도감이 진짜 빛나는 순간은 아이들이 초등학교에 들어가서 지적 호기심이 강해지는 시기다. 너덧 살의 호기심이 주변에 대한 단순한 궁금증이라면, 초등생의 호기심은 뭔가 알고 있는 상태에서의 지적 갈등이다. 도감은 아이가 원할 때 언제든 볼 수 있게, 책장 한쪽에 주소를 정해둔다.

거실에 두면 요긴한 물건

전면 책장

표지가 잘 보이게 놓을 수 있는 책장이다. 재질이 나무든 철이든 안전하다면 괜찮다. 전면 책장을 놓을 공간이 애매하다면 굳이 살 이유는 없다. 거실 벽 아래쪽에 그림책을 줄줄이 세워두거나 소파 위쪽에 올려놓으면 그만이다.

독서대

책상이나 거실 탁자에서 책을 읽을 때 사용한다. 초등 저학년에 사서 습관을 들이면 책읽기도 쉬울뿐더러 거북목도 예방해준다. 책뿐만 아니라 패드나 노트북을 올려서 사용하기에도 좋다.

조명

책을 보는 공간은 언제나 빛이 충분해야 한다. 장소가 어둡다면 반드시 조명을 설치해준다. 세상에서 가장 나쁜 독서는 어두운 곳에서 책을 읽는 것이다. 성장기 아이의 시력은 무섭게 나빠진다.

북 트롤리

책이 넘쳐나서 고민인 엄마들을 위한 '이동' 수납 도구. 잡다한 물건을 두고 사용하던 트롤리가 '책을 두어도 좋아요'라고 입소문이 퍼지면서 '북 트롤리'라는 새

이름까지 얻었다. 책장을 두기 힘든 공간에서 이용하거나 도서관책을 따로 관리할 때 편리하다.

아날로그 시계

아이가 유치원에 들어갈 즈음, 숫자가 선명하게 보이는 아날로그 시계를 거실에 걸어둔다. 숫자와 시침, 분침이 선명하게 보여야 한다. 책을 보거나 숙제를 할 때 아이에게 말한다. "짧은바늘이 5에 갈 때까지 하자." 독서와 수학을 동시에 해결하는 방법이다.

블루투스 스피커

옛이야기나 동요, 영어 음원을 틀어놓을 때 편리하다. 아이는 놀면서 흘려듣다 흥미로운 부분이 나오면 귀를 쫑긋거린다. 음원 파일을 이용한다면 휴대용 스피커를, CD를 자주 사용한다면 CD 플레이어를 거실에 둔다.

원칙 ④
읽기만큼 듣기 저축이 중요하다

모든 언어는 듣기에서 시작된다. 들어야 말할 수 있고, 말해야 읽을 수 있다. 이맘때 아이들은 단체 생활을 시작하면서 '듣기'로 공부를 하고 규칙을 배운다. 가령 유치원에서 하루를 시작할 때 선생님은 오늘 배울 내용에 대해 요약해서 알려준다. "오늘은 봄에 피는 꽃들을 배우고 종이접기로 나만의 꽃을 만들 거예요.", "여러분, 며칠 뒤면 어린이날이죠? 오늘은 어린이날을 만든 방정환 선생님에 대해 알아봅니다.", "이제 뒷산으로 체험 학습을 떠날 거예요. 여러분이 지켜야 할 3가지 규칙을 말해줄게요."

선생님은 아이들에게 ① 일정을 알려주거나 ② 배울 내용을 설명하거나 ③ 지켜야 할 규칙을 말해준다. 아이들의 학습 태도는

①, ②, ③의 내용을 얼마나 잘 '듣는가'에 달려 있다. 선생님 말씀을 잘 듣고 이해해야 학습을 제대로 해낼 수 있다. 산만한 아이들은 선생님이 무슨 말을 하는지 관심이 없어 친구들을 따라 하거나 뒤늦게 물어본다. "선생님, 저 못 들었어요."

초등학교에 올라가면 듣기가 더 중요해진다. 이제 아이들은 40분 동안 꼼짝없이 자리에 앉아서 선생님의 긴 설명을 듣는다. (단, 혁신 학교는 블록 수업(80분 수업, 30분 휴식 등)을 하고 길게 쉽니다.) 유치원과 달리 선생님의 언어는 지시적이고 설명적이다. 길고 지루할 수밖에 없다. 자꾸만 눈길이 창가로 흩어지고 교과서에 낙서를 그려댄다.

"요즘 아이들은 말을 안 들어요."

초등학교 선생님의 이 말에는 2가지 뜻이 담겨 있다. 선생님이 알려준 대로 행동하지 않는다는 것과 다른 사람의 말을 귀담아듣지 않는다는 것이다. 최근에는 선생님 말씀을 끝까지 듣는 아이가 점점 줄어들고 있다.

'학부모가 읽어주는 그림책' 시간을 통해 초등 1학년 아이들에게 그림책을 읽어준 적이 있었다. 눈앞에는 20명 남짓의 아이들이 앉아 있었다. 그림책 표지를 보여주고 제목을 읽어주는 순간, 신기하게도 아이들은 둘로 갈렸다. 그림책에 집중하며 이야기에 빠지는 아이들과 금세 딴짓을 하는 아이들. 옆 친구와 장난을 치거나 발가락을 꼼지락거리거나 멍하니 창밖을 봤다. 이러한 태도의 차이는 어디에서 비롯되었을까? 기질적 특징이 있겠지만 부모가 아이에게 그림책을 얼마나 읽어주었는가에 따라 '듣기 능력'에 차이가 난다. 그림책을 자주 접한 아이는 이미 이야기 듣기에 익숙하지만, 그렇지 않은 아이는 강한 자극을 주어야 비로소 집중한다.

사실을 말하자면 요즘 아이들은 듣기보다 말하기에 익숙하다. 엄마들이 과하게 선행 교육을 한 탓에 '나 알아요' 병에 걸린 아이들이 많다. "이거 읽었어요.", "다음에 주인공이 숲에서 호랑이를 만난다.", "내가 다음 이야기 알려줄게.", "저 책 우리 할머니가 사줬어요." 겨우 이야기를 시작했을 뿐인데 아이들은 저마다 자기 이야기를 쏟아내느라 정신이 없다. (나중에는 아예 유명한 책은 읽어주지 않기로 했습니다.) 비슷한 이야기는 논술 선생님에게도 나왔다. '논술 토론은 언제 시작해야 하나'라고 물었을 때 초등 4학년 이상이라는 답이 돌아왔다. "저학년 아이들은 자기 말은 잘해도 남의 이야기를 귀담아듣지 않아요. 토론이란 남의 의견을 듣고 자기 생각을 말하는 상호 과정인데, 듣지를 않으니 토론이 제대로 될 수가 없죠."

듣기 훈련은 부모가 책을 읽어주는 게 최고다. 아무리 역동적인 삶을 사는 엄마라도 하루에 내뱉는 단어는 한정적이다. 일상적인 말, 짧은 문장, 익숙한 문체는 아이에게 새로운 자극이 되지 못한다. 반면 100권의 그림책을 읽는다면 100명의 작가와 대화를 하는 셈이다. 부모의 사랑을 느끼고, 다양한 이야기를 상상하며, 듣기 능력을 키울 수 있다. 책 읽어주기 너무 힘들어요, 손사래를 친다면 시중에 나와 있는 오디오 자료를 이용한다. 세월이 좋아져서 책 읽어주는 매체가 하루가 다르게 늘어나는 중이다. 자신에게 맞는 매체를 선택하되, 아이가 자유로운 시간에 들려준다.

『다시 1학년 담임이 된다면』을 쓴 박진환은 학교에서 옛이야기를 들려주면서 아이들의 듣기 태도가 좋아졌다고 강조한다. "큰 목소리로 자기 말만 떠들고 남의 이야기를 들으려 하지 않는 1학년 아이들이 너무도 많았다. 하지만 꾸준히 옛이야기를 들려주자 점차 자기 목소리는 낮추고 다른 친구의 이야기를 듣는 분위기가 만들어졌다."[7]

·Add·

듣기 훈련에 좋은 오디오 도구

이야기 CD

5, 6, 7세에 읽는 창작, 명작, 전래 전집은 대부분 CD가 세트 구성이다. 평소에 CD를 틀어놓으면 아이가 놀면서 듣기에 좋다. 유명한 전집 CD는 중고 사이트에서 따로 살 수 있다.

전자펜

책에 펜을 갖다 대면 글을 읽어주는 전자펜이 여럿 있다. 세이펜을 비롯해 출판 사별로 내놓은 전자펜까지 다양하다. 부모가 책 읽어줄 시간이 없을 때나 한글을 배울 때 사용하면 좋다.

오디오북

'밀리의 서재'나 '윌라'와 같은 전자책 플랫폼이나 네이버의 '오디오클립'을 이용하면 어린이 관련 동화를 들을 수 있다. 명작, 창작, 역사 이야기까지 선택 사항이 다양하다.

라디오

아이들은 어른들의 세계를 동경하거나 궁금해하는 바, 이야기 중심의 라디오를 틀어놓으면 꽤 집중해서 듣는다. 어른들의 사연이나 뉴스를 듣다 '낯선' 단어도 자주 묻는다. 우리 집에서 자주 틀었던 방송은 책을 읽어주는 <EBS 북카페>와 사연이 소개되는 MBC의 <여성시대>였다.

원칙 ⑤
시각적 자극과 보상을 이용한다

아이들은 왜 책을 읽어야 하는지 모른다. 특별한 목적을 두지도 않는다. 엄마가 읽으라고 하니까, 선생님이 중요하다고 하니까, 독서록에 한 줄 써야 하니까, 읽다 보니 재미가 있어서, 이쯤이 손가락에 꼽히는 책 읽는 이유다. '목적성 없는' 책읽기에는 장단점이 동시에 존재한다. 재미있는 책을 만나면 무작정 책읽기에 빠지지만, 그렇지 않으면 책과 쉬이 멀어진다. 단순히 이야기가 재미있거나 없다고 말하는 것이 아니다. 책읽기를 둘러싼 분위기를 '재미있게' 조성하는 것이 중요하다.

여기서 잠깐, 아들이 텀벙 빠지는 게임에 어떤 재미가 있는지 살펴보자. "게임이 왜 재밌어?" 물으면 다음과 같은 대답이 나온다.

① 그냥, 재미있으니까요.

② 게임 앱만 열면 바로 할 수 있어요.

③ 자극적인 효과음이 깔려서 흥이 나죠.

④ 열심히 하면 할수록 게임 포인트를 쌓을 수 있어요.

⑤ 새로운 캐릭터나 미션이 계속 나와요.

⑥ 친구들이랑 어울릴 수 있잖아요.

자, 이제부터 게임의 재미를 책에 연결해보자.

① 《나무 집》처럼 남자아이에게 재밌는 책이 필요하다.

② 언제나 꺼내 볼 책이 집에 있다.

③ 부모나 선생님의 인정과 격려가 쏟아진다.

④ 자신이 읽은 책이 얼마나 되는지 스티커를 붙여서 확인한다.

⑤ 새로운 책이 계속 눈에 띈다.

⑥ 부모나 형제자매가 책을 함께 읽는다.

우리가 새삼 주목해야 할 부분은 ④번이다. 책읽기가 아들에게 성취감을 주는 동시에 재미를 안겨줘야 한다. 모바일 게임 '무한의 계단'을 알고 있는지. 끝없이 이어진 계단을 올라가면서 '1,000점 달성', '3,000점 돌파'처럼 점수를 획득하는 방식이다. 언뜻 시간 낭비 같은 게임이 아이들에게 어떤 재미를 줄까? 계단을 오른 만큼 점수를 획득하고 캐릭터를 모을 수 있다. '내가 이만큼 해냈어.', '조금만 더 하면 캐릭터를 얻을 거야.' 아이들은 무엇인가 성취하고 인정받기를 즐긴다. 자, ④번을 책읽기에 접목하면 다음과 같은 실천 사항이 추려진다.

📖 읽기 경쟁은 놀이다

아이가 초등학교 3학년 때 담임 선생님이 스티커 보상제를 시행했다. 자기 할 일을 해낼 때마다 스티커를 부여했고, 그것을 50개 모으면 보상을 주었다. 단, 학교에서 하다 보니 보상의 크기가 너무 작았다. 부상은 겨우 사탕 몇 개에 불과했다. 과연 그것 받자고 아이들이 스티커를 열심히 모았을까?

가정에서 엄마가 주도했다면 이런 보상제는 전혀 먹히지 않는다. "제 용돈으로 캐러멜 한 봉지 살게요"라고 시큰둥하게 말할 테니까. 학교에서 한다면 이야기는 완전히 달라진다. 반 아이들 전체가 의미 있는 경쟁자이기 때문이다. 실제로 아이들은 칠판에 붙여 놓은 스티커 진행판을 보면서 등수를 올리기 위해 열심히 노력했다. '나는 2등이군.', '어제까지 5등이었는데 3등으로 올라갔어! 더 열심히 해야겠어.'

남자아이는 승자를 겨루는 경쟁 관계에서 유독 재미를 느낀다.

(승패를 겨루는 온갖 스포츠에 푹 몰입하는 모습을 보세요.) 친구가 재밌다는 책에 관심을 가지거나 나도 짝꿍만큼 더 읽어야지, 다짐한다. 학교에서 독서상을 주거나 독서 사이트에서 읽은 책 권수를 공유하는 것도 아이들의 경쟁 심리를 자극하기 위해서다.

『아이를 천재로 키우는 4개의 스위치』를 쓴 요코미네 요시후미는 아이들의 경쟁은 어른들의 그것과는 다르다고 설명한다. '아이들의 경쟁은 순수합니다. 잘하는 아이를 부러워하며 '나도 저 아이처럼 되고 싶다'는 마음을 먹는 게 유아, 초등생들의 경쟁심입니다. 친구에게 져서 눈물을 흘릴 정도로 분해하는 아이라도 '저 녀석을 어떻게든 끌어내려야지' 하는 마음을 품는 경우는 거의 없습니다.'

📖 시각적 자극이 중요하다

'스티커판'은 무엇인가 성실하게 해낸 흔적이다. '내가 책을 10일이나 읽었구나.', '태권도장에 출석한 지 30일이 됐네!' 아이는 스티커판으로 자신이 무엇을 했는지, 얼마나 했는지 확인한다. 맞다, 남자아이는 말보다 시각적 자극이 중요하다. "이제부터 매일 책을 읽어보자. 책 30권을 읽으면 다이소에서 장난감 하나 사줄게." 엄마의 말은 하루만 지나도 공기 중에 휘발되어버린다. 하자고 말한 엄마도, 하겠다고 대답한 아이도 마찬가지다.

이때 시각적 확인 장치가 있다면 어떨까. 시선이 자주 머무는 곳에 스티커판이 있어서 얼마나 읽었는지 눈으로 확인한다면? 아이는 스티커판을 볼 때마다 '참, 책 읽어야지!', '이제 5권만 읽으면 다이소에 간다!' 새삼 다짐한다. 그런데 주의사항이 있다. 성격이 꼼꼼한 엄마들은 체계적이고 구체적인 스티커판을 선호한다. 이왕 하는 거 아들의 여러 단점을 보완할 수 있는 종합 스티커판을 만든다. 여기서 문제가 발생한다. 아들은 할 일이 많아지면 며칠 도전하다 쉬이 포기한다. 지속적 실천이 어렵다.

남자아이들의 스티커판은 단순해야 효과적이다. 책읽기를 목표로 한다면 '매일 그림책 한 권 읽기', '그림책 한 권 소리 내어 읽기' 등 한두 가지만 적어놓는다. 남자아이는 '할 만해야' 꾸준히 하고 끝까지 노력한다.

📖 보상이 필요하다

아이가 무엇인가 해냈다면 적절한 보상을 준다. 만화책도 좋고 장난감도 좋고 놀이동산 가기도 괜찮다. 아이에게 필요한 것이 아니라 아이가 원하는 것이어야 한다. 책을 사준다면 엄마가 좋아하는 지식책이 아니라 아이가 원하는 만화책을 사준다.

결과보다 과정에 무게를 두는 것도 중요하다. '열심히, 꾸준히, 성실히 해냈더니 원하는 것을 얻었다'에 방점을 찍는다. "매일 열심히 책을 읽었구나", "한번 결심하니까 진짜 해내는구나"라고 말해주면 아이는 자신에 대해 긍정적인 마음을 갖는다.

단, 보상제의 역설에 넘어가지 말아야 한다. 비극적인 사례는 처음부터 커다란 보상을 남발하다 주객이 전도되는 경우다. 단원 평가에서 100점을 맞았을 때 장난감을 사주거나, 학원 시험을 잘 쳤다고 스마트폰을 사주면, 아이는 점점 커다란 선물을 요구할 것이다. "이번 시험 잘 보면 뭐 해줄 건데?", "그거? 시시하잖아. 안 할래." 동시에 씻고 밥 먹는 일상, 즉 당연히 해야 할 것에 스티커를 남발해서도 안 된다. 나중에 아이는 엄마를 위해 밥을 먹는다고 착각한다.

"그건 순수한 내적 동기가 아니잖아요. 왜 스티커를 모으거나 경쟁 심리를 이용하거나 혹은 보상제를 통해 아이를 움직이려고 하죠? 그건 옳지 않아요." 누군가 이렇게 반문할지도 모르겠다. 당연히 내적 동기가 훨씬 좋다. '이야기가 너무 흥미로워' 혹은 '궁금하던 내용을 알게 되었네'라며 아이가 지속적으로 책에 빠진다면 가장 이상적이다.

솔직히 내적 동기가 마구 발동하려면 아이의 DNA가 책읽기와 딱 맞아떨어지거나 우리나라 교육 시스템이 싹 바뀌어야 가능하다. 놀이식, 토론식, 실험식 수업으로 재미있게 공부하고 자유롭게 책을 읽어야 내적 동기가 춤을 춘다. 유아 시기부터 온갖 학습을 시키고 인터넷과 동영상 환경에 아이를 노출한 채, 내적 동기를 운운하는 것도 어쩌면 부모의 욕심이 아닐까.

5~10세 아이를 키워보면 내적 동기만큼이나 외적 동기가 효과적이다. 아이들에게 외적 동기를 자극하는 방식이 일종의 '놀이'에 가깝기 때문이다. 아이는 책을 읽으면서 재미를 느끼는 것만큼 스티커를 붙이면서 성취감을 느끼고 보상제로 만족을 느낀다. 스스로 미션 수행 중인 주인공이라 여긴다. 현실적으로 내적 동기가 마음에 깔리면서 외적 동기가 아이를 자극할 때, 남자아이는 책 세상에 오랫동안 머문다.

·Add·

책 읽는 아이에게 부모가 건네는 말

"○○가 아기였을 때 그림책을 무척 좋아했어. 그래서 지금도 책을 잘 읽나 봐."

"○○가 유치원에 갔을 때 엄마가 그 책 읽어봤거든. 그런데 말이야, 주인공이 왜 그렇게 행동한 거야? 혹시 아니?"

"그 책 재미있니? 엄마도 한번 읽어봐야겠다. 다른 책도 추천해줄래?"

"지난번에 도서관에서 ○○가 빌려온 책, 너무 재밌더라."

"선생님이 ○○ 칭찬을 많이 하시더라. 평소에 책을 무척 잘 읽는다고."

"선생님이 독서록에 '참 잘했어요' 도장 찍어주셨네."

"엄마도 어렸을 때 이 책 읽었어. 주인공이 나오는 다른 책도 있는데 도서관에

가서 빌릴까?"

"오늘 학교 도서관에서 직접 책을 빌려온 거니? 참 잘했다."

"이렇게 글자가 많은 책도 읽을 수 있어? 대단하다."

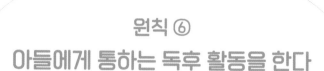

아이들은 종이에 쓰인 평면적인 이야기를 입체화시키는 데 선수다. 오로지 상상만으로 새로운 세상을 만들어낸다. 동시에 아이들은 그 세계에 직접 뛰어들고 싶다. 『빨간 모자Little Red Riding Hood』를 읽고 상상 세계에서 숲을 거니는 것과 진짜 숲속을 걸으며 늑대를 상상하는 것은 다르다. 책을 읽고 그 세계에 더 머물거나 구체적으로 나아가는 활동이 '독후 활동'이다. 마치 돌 무렵 아이가 가지고 놀던 오감 놀이북의 현실판과 같다.

에너지가 넘치는 남자아이에게 독후 활동은 놀이여야 한다. 춤을 추거나 레고로 주인공을 만드는 것처럼 상상 속 이야기를 현실로 끌어와 구현하기를 즐긴다. 반대로 엄마는 몸보다 말로 놀기를 선호한다. 육아로 심신이 피곤하니 당연하다. 체력을 보존하면서 독후 활동을 하려니 책을 '잘' 읽었는지에 집중한다.

> **엄마** (미소를 보이며) 책 재미있었어? 내용 요약해서 엄마한테 말해 줄래?
>
> **아들** 음, 그러니까, 그게 말이지.
>
> **엄마** (입술을 깨물며) 읽었는데 내용을 몰라?
>
> **아들** 곰이 나와서 뭘 찾는 이야기인데.
>
> **엄마** 뭘 찾는다고? 똑바로 말해야지. 그럼 책을 읽고 느낀 건 뭐야?
>
> **아들** ……
>
> **엄마** (미간에 힘을 주며) 다시 읽어!
>
> **아들** ……

남자아이들은 학습지 선생님이 된 엄마의 모습에 당황한다. 특히 열린 질문에 어떻게 대답해야 할지 모른다. 엄마가 "무슨 내용이야?"라고 물으면 아이는 '어디서부터 어디까지 말해야 하지?'를 고민한다. 심지어 아이는 아직 '요약'이나 '정리'와 같은 한자어를 정확히 이해하지 못한다. 질문을 모르니 대답도 하지 못한다. 내용을 점검하거나 확인하는 데 무게를 두면 엄마는 잔소리하고 아이는 혼나는 상황이 반복된다.

아들과 입말로 독후 활동을 하려면 엄마의 에너지가 차고 넘쳐야 한다. "어떤 페이지가 가장 웃겼어? 거기 펴볼래? 엄마는 아까 곰이 나무 뒤에 숨을 때가 웃겼거든." 혹은 퀴즈 형식을 사용한다. "책장을 넘기다 멈추면 그게 무슨 장면인지 엄마에게 말해주는 거야. 잘하는 사람이 사탕을 얻는 거다. 준비됐어? 두두두, 시작!"

📖 독후 활동이 포함된 책을 고른다

책 속 주인공이 무엇을 만들거나 맛있는 음식을 먹는다면 아이는 그것을 똑같이 하고 싶어서 안달이 난다. 책이 재미있을수록 따라 하고 싶은 마음이 강해지니 엄마는 책에 나온 내용을 재현하면 충분하다. 윤정주의 『꽁꽁꽁 피자』를 읽었다면 온 가족이 냉동실에 넣어두었던 피자를 꺼내 따뜻하게 데워서 한 입 베어 문다. 책에서처럼 냉동실에 어떤 재료가 있는지 살펴보다 구석에 있는 피자 조각을 꺼내도 좋다. 피자 먹기가 독후 활동이 될까? 책을 읽고 음식을 먹는 것만큼 아이에게 재밌는 활동은 없다.

윌리엄 스타이그의 『아빠와 피자놀이』^{Pete's a Pizza}를 읽었다면 책 내용처럼 아빠가 피자를 만들듯 아이와 몸놀이를 한다. "이제 피자 만들기를 시작합니다." 아이를 바닥에 눕히고 색종이 가루를 뿌린 뒤 옆구리를 간지럽히다 살짝 굴려준다. 책의 주인공처럼 아이는 재미와 기쁨의 웃음을 터뜨릴 것이다.

📖 포스트잇으로 이야기에 참여한다

'글 없는 그림책'은 여백이 많아서 아이가 이야기에 끼어들기 좋다. 가장 손쉬운 방법은 말풍선 포스트잇에 대사를 적어 그림책에 붙이는 방식이다. 작가의 이야기를 아이만의 '새로운' 이야기로 바꿀 수 있다.

이수지의 『파도야 놀자Wave』나 로트라우트 수잔네 베르너의 『하늘을 나는 모자』, 데이비드 위스너의 『구름공항SECTOR 7』은 말풍선 포스트잇을 붙이기에 최고의 그림책이다. 책을 읽고 난 뒤에 "우리만의 이야기를 만들어볼까?"라고 이야기한다. 그러고 나서 포스트잇에 내용을 적어 원하는 곳에 붙이면 끝. 엄마와 아이의 대사가 서로 다르면 더 재미있다. 웬걸, 50명의 아이가 포스트잇을 붙인다면 50개의 다른 이야기가 나온다. 참고로 초등학교 4학년 1학기 국어 교과서에서도 비슷한 활동이 나온다. 『구름공항』의 몇몇 장면을 보고 자기만의 이야기를 짓는다.

📖 나만의 만화책을 만든다

남자아이들이 좋아하는 《도그맨》 시리즈는 장난꾸러기 두 친구가 만화책을 짓는 이야기다. 아이들이 직접 쓴다는 설정 때문인지,

책을 읽은 남자아이들은 저마다 종이를 가져와 만화책 만들기에 나선다.

"엄마, 종이 어디 있어요? 만화책 만들래요!" 우리 집에서도 대브 필키의 《도그맨》과 《캡틴 언더팬츠》를 읽고 나서 비슷한 반응이 나왔다. 종이와 볼펜, 색연필을 한가득 준비하더니 골똘히 생각하며 며칠 동안 그림을 그렸다. 엄마가 할 일이라곤 종이가 떨어지지 않게 사놓고, 종이 뭉치를 제본사에 가져가 책처럼 만들어주는 것뿐이었다. 아이가 직접 쓰고 그린, 마지막 쪽에 서명까지 덧붙인 만화책이 탄생된다.

📖 책 싫어하는 아이에겐 '독전 활동'이 효과적이다

책을 싫어하는 남자아이라면 독후 활동보다 독전 활동이 먼저다. 주말에 아빠와 야구 경기를 본 아이가 김영진의 『야구장 가는 날』을 읽는다면 어떨까. 책을 싫어하는 아이도 자기가 경험한 이야기는 더 흥미롭게 다가온다.

《Football Academy》(국내 미출간) 시리즈를 쓴 톰 팔머는 축구를 이야깃거리 삼아 아이들의 책읽기 흥미를 이끄는 주인공이다. 그가 축구와 독서를 연결한 데에는 본인의 경험이 주효했다. "17살이 될 때까지는 책을 거의 읽지 않았죠. 작가가 된 건 어머니 덕분이에요. 어릴 때부터 축구를 정말 좋아했는데, 어머니가 축구와 관련된 신문이나 잡지를 주셨어요. 신문과 잡지에 실린 축구 관련 기사를 읽으면서 활자에서 즐거움을 얻는 법을 익혔고, 그 뒤부터 책을 읽는 즐거움도 알게 됐지요."[8]

"알겠는데요, 전 아이가 둘이라 심신이 항상 피곤해요. 영혼이 몸을 가출하고 있다고요." 이렇게 말한다면 독후 활동일랑 가뿐히 잊어버리시라. 당신을 위로하려고 꺼내는 말이 아니다. 아이는 유치원에서 다양한 독후 활동을 한다. 그림책을 읽고 색종이 접기를 하거나 지점토로 무엇인가 만들어 집에 가져오지 않던가. (많은 유치원에서 책읽기와 독후 활동을 교육 과정에 넣고 있습니다.)

당신의 에너지가 바닥을 치고 있다면 집에서는 기본적인 책읽기에 집중하자. '재미있는' 책 옆에 '재미있는' 책을 풍성하게 놓아주기다. 재미있는 책을 읽고 다시 흥미로운 책을 읽는다면, 당신은 아이에게 가장 좋은 선물을 해주는 셈이다. 재미있는 책이야말로 가장 좋은 '독후 읽기'다.

독서 이력 남기는 방법

책 리스트를 남기는 일은 아이의 성장을 기록하는 것과 같다. 아이의 취향을 파악하거나 한 달에 몇 권쯤 읽는지 살펴보기에도 좋다.

독서 기록 앱

읽은 책을 등록하면 월별로 읽은 책을 정리할 수 있다. 책 표지가 보여서 무엇을 읽었는지 알기 쉽다. 아이폰은 '북적북적', 안드로이드는 '책방잉크'가 인기다. 미래엔에서 내놓은 '아이북케어'는 아이의 독서 성향을 알려준다.

전면 책장 사진

전면 책장에 새로운 책을 노출할 때마다 사진을 찍어 남긴다. 일주일에 한 번씩 기록을 남기면 한 달에 4장이고 1년이면 48장의 사진이다. 인스타그램이나 블로그에 올리고 간단한 코멘트를 남긴다.

리브로피아

공공 도서관 앱인 '리브로피아'를 깔면 거주하는 지역에 있는 모든 도서관의 대출 책들을 한꺼번에 관리할 수 있다. 가령 서울시 은평구에 산다면 은평구립도서관, 은뜨락도서관, 구립구산동도서관마을 등 7개 도서관의 대출 내역을 한 번에 확인 가능하다. 대출 이력에는 책 표지와 대출일, 반납일 등이 포함된다.

독서 기록장

초등학교에 들어가면 학교에서 독서 기록장을 나눠 준다. 1학년부터 독서 기록장에 읽은 책을 잘 적기만 해도 훌륭한 독서 이력이 된다. 거창하게 쓸 필요는 없다. 하루 동안 읽은 책의 제목, 작가, 한 줄 느낌만 써도 충분하다. 1학년부터 6학년까지 정리한 독서 기록장은 진로 자료가 된다.

원칙 ⑦
6년 동안 3번의 책읽기 점프를 한다

책읽기는 시간을 투자하는 일이다. 매일 일정 시간을 읽어야 다음 단계로 넘어간다. 대한민국에 살고 있으니 학년이 올라가면 당연히 두꺼운 책을 읽겠지, 어려운 책도 이해하겠지, 생각하면 그야말로 오산이다. 읽기 능력은 글을 꾸준히 '읽어야' 성장하는 특징이 있다. 글에 익숙해지고 뜻을 유추하는 연습이 필요하다. 5세부터 10세까지, 아들은 책읽기에 있어서 3번의 점프를 한다. 한글을 배우고 첫 읽기를 시작해서 꽤 두툼한 책까지 읽는 과정이다.

📖 점프 ① 읽기 독립

읽기 '독립'은 아이가 한글을 익혀서 혼자 책을 읽는 것이다. 읽기를 위해 애써 새로운 책을 장만할 필요는 없다. 너무 자주 읽어서 글줄이 혀끝에 대롱대롱 붙어 있는 그림책, 아이가 푹 빠진 캐릭터가 등장하는 그림책이 최고다. 머릿속에 저장된 소리를 그림책의 글자와 연결하기에 가장 좋다.

추상적인 기호(한글)를 읽고 줄거리를 파악한다는 점에서 읽기 독립은 남자아이에게 쉽지 않은 과제다. 기호를 읽고 뜻까지 파악하려니 짜증이 난다. 아이가 어려운 것에 도전하고 노력할 때 부모의 격려와 인정이 제일 필요하다. 좀 어려워도 부모가 지지해주면 아이는 그것을 해내려 애쓴다.

이럴 땐 이렇게! 읽기 독립에는 모리스 샌닥의 《꼬마 곰Little Bear》 수준이 적당하다. 읽기책이지만 그림책의 연장선인 듯 글과 그림이 섞여 있는 데다 글자가 크고 여백이 많다. 특히 유아 시기, 영어듣기에 빠지지 않는 작품이 《Little Bear》 시리즈인데, 《꼬마 곰》은 그 번역서로 아이에게 친근감을 준다. 이 정도 읽는다면 초등학교에 가서 교과서를 읽을 때 어렵지 않다.

📖 점프 ② 80쪽 읽기책

학교에 들어가면 아이는 글자가 많은 '읽기책'을 본다. 읽기책은 긴 이야기를 몇 개의 '장Chapter'으로 나누고 사이사이에 그림을 넣은 것이다. 초등 1,2학년에는 보통 60~80쪽 분량의 읽기책을 본다. 예컨대 1학년에 읽는 『개구리와 두꺼비는 친구』는 65쪽 분량이 5개의 장으로 나뉘고, 2,3학년에 읽는 《고양이 해결사 깜냥》은 80쪽의 내용이 5개 장으로 나뉜다.

읽기에 적응 중인 남자아이에게 글줄이 많은 책은 피하고 싶은 대상이다. 책장을 열면 글줄이 계속 이어져 읽고 싶은 마음이 딱 사라진다. 엄마가 비슷한 경험을 하고 싶다면 도서관에서 《Magic Tree House》 시리즈의 원서 페이지를 쭉 넘겨보시라. 기본 챕터북에 불과하나 영어에 익숙하지 않으니 글줄에 압사당하는 기분이 든다. (아이도 읽기책을 볼 때 비슷한 기분에 젖습니다.) 나 역시 아이가 1학년 시절에 읽기책을 펼칠 때마다 심각한 표정을 지으며 생각했다. '내 아이가 이 책을 읽는다고? 이게 가능하다고?'

이럴 땐 이렇게! 아이가 읽기 독립에 나섰다고 부모가 책 읽어주기를 중단할 이유는 없다. 아직 아이는 부모가 읽어주는 책읽기 시간을 사랑한다. 엄마와 그림책을 재미있게 보면서 동시에 하루에 정해진 분량이나 시간 동안 스스로 책을 읽어내면 충분하다. 가령 하루에 그림책 한 권을 스스로 읽는 방식이다. 나중에 아이의 읽기 속도가 올라가면 엄마가 읽어주는 것에 답답함을 느껴 이렇게 말한다. "엄마, 그냥 내가 읽을게."

📖 점프 ③ 200쪽 두꺼운 책

초등 3, 4학년에는 150~200쪽 분량의 이야기책을 읽는다. 흔히 엄마들이 "두꺼운 책이네" 말하는 주인공이다. 이야기 호흡이 꽤 길어져 아이가 줄거리를 따라가기 위해서는 읽기 집중력과 문장 이해력이 필요하다. 10분 유튜브 보기와 실시간 검색에 익숙한 남자아이에게 '긴' 호흡은 무척 버겁다.

어린이책은 보통 초등 저학년용과 고학년용으로 나뉘는데, 아예 3, 4학년을 대상으로 나온 '중학년' 문고도 있다. 가장 대표적인 것이 주니어김영사의 《중학년을 위한 한뼘도서관》 중 '잘못' 시리즈다. 첫 번째 책인 『잘못 뽑은 반장』은 220쪽 분량이 14개의 장으로 나뉜다.

이럴 땐 이렇게! 아이가 두꺼운 책으로 점프할 때는 내용이나 글자 크기 등은 중요하지 않다. 책은 두꺼워도 내용이 재미있어서 다 볼 수 있다면 최고다. '두꺼운 책을 끝까지 읽었다', '긴 이야기를 휘리릭 읽었다'는 경험이 제일이다. 1권을 읽었다면 2권이 가능하고, 다시 다른 두꺼운 책도 읽는다.

아이가 쭉 얇은 책만 읽으면 안 될까? 책이 얇다, 두껍다는 단순히 글줄의 양을 말하는 것이 아니다. 저학년이 읽는 책은 이야기 구성이 단순하고 어려운 표현이 별로 없다. 처음부터 쉽게 읽을 수 있는 책을 기획하기 때문이다. 두꺼운 책은 독자가 웬만큼 읽는다는 전제하에 이야기를 짠다. 배경 설명이 꽤 길고 구성이 복잡하며 표현이 은유적이다.

마크 트웨인의 『왕자와 거지The Prince and the Pauper』를 읽는다고 할 때 기본 줄거리만 따와서 만든 축약본과 배경 설명이나 섬세한 묘사가 들어간 완역본 사이에는 큰 차이가 있다. 아이가 얇고 쉬운 책만 본다면 나중에 고학년이 되어 두꺼운 책을 보기가 어렵다. 아니, 볼 수가 없다.

·Add·

읽기 능력 향상법 3가지

어린이 과학 잡지를 접한다

읽기 수준을 올리면서 다양한 상식을 흡수하려면 초등 2,3학년부터 '어린이 과학 잡지'를 접한다. 아이를 위한 잡지도 있나 싶겠지만 시중의 어린이 잡지와 신문만도 10종이 넘는다. 과학, 수학, 논술, 시사, 통합 등 주제도 다양한데, 저학년 남자아이에게는 과학 잡지가 단연 인기다. 1년 단위로 구독하기 부담스럽다면 중고 사이트에서 '과월호 묶음'을 사도 괜찮다.

뉴스와 인터뷰 기사를 본다

아이가 좋아하는 분야, 예를 들어 축구 뉴스나 선수 인터뷰를 출력해서 읽는다. 기사의 속성은 어른들이 쓰는 한자어가 많다는 것, 아이는 내용이 궁금해서라도 한자어의 뜻을 물어본다. 단, 온갖 광고가 난무하는 인터넷 뉴스를 클릭해서 읽기보다 좋은 기사 몇 개를 출력해서 보는 게 좋다.

쪽지와 보드를 활용한다

아침에 아이에게 하고 싶은 말이나 할 일을 쪽지로 남긴다. 간단한 글이라도 자주 읽으면 문해력이 향상된다. 아이가 오가는 곳에 썼다 지우는 보드판을 걸어두는 것도 아이디어. 책에서 새롭게 알게 된 단어나 한자어를 적어두고 반복하면 좋다.

상식 넓히는 어린이 잡지

1 『어린이과학동아』 | **동아사이언스**

기획 기사를 다루고 재미있는 연재 만화와 상식 이야기를 싣는다. 만화 양이 꽤 많아서 엄마보다 아이들이 선호하는 것이 특징. 구독하면 과학기자단에 소속되어 82개 과학관과 박물관에서 무료 혹은 할인 혜택을 받는다. 일명 '어과동'으로 불리며 한 달에 2번 발행.

2 『과학소년』 | **교원**

『어린이과학동아』보다 만화가 적고 교과 전집 연계표가 있어서 엄마들에게 더 인기다. 교원 전집을 사주던 엄마들이 자연스럽게 신청하는데, 논술 잡지인 『위즈키즈』와 함께 구독하면 할인 혜택이 있다. 한 달에 1번 발행.

3 『개똥이네 놀이터』 | **보리**

과학 잡지는 아니나 초등 시기에 많이 보는 어린이 잡지다. 기획 기사와 동화, 만화, 참여 코너 등이 있는데, 특히 어린이의 놀이 문화를 자주 다룬다. 구독하면 보리출판사의 책을 사은품으로 준다. 한 달에 1번 발행.

원칙 ⑧
읽기 격차가 벌어지는
시점을 대비한다

책읽기는 결과물이 당장 손에 잡히지 않는다. 지금 열심히 책을 읽는다고 갑자기 아이가 똑똑해지거나 말발이 좋아져서 엄마를 놀라게 하지 않는다. 책을 잘 읽는 6세 여자아이나 그렇지 않은 남자아이나 유치원 생활에는 별 차이가 없다.

읽기 '덕'을 보는 첫 시기는 초등 1학년이다. 아이가 초등학교에 들어가면 공식적인 책인 '교과서'를 읽는다. 1학년은 학교생활에 적응하고 읽기와 쓰기에 익숙해지는 시기로 교과 내용이 어렵지 않다. 책을 꾸준히 읽은 아이에게 교과서는 '학교에서 읽는 그림책'에 가깝다. 잠깐, 1학년 2학기 국어 교과서 '사자의 지혜'를 엿보자. 책의 형태만 다르지 글 구성이 비슷하다. '어, 할 만한데?',

초등 1학년 2학기 국어 교과서

초등 3학년 2학기 국어 교과서

182

'생각보다 쉽잖아' 생각하며 자신감을 가진다.

교과서가 표정을 싹 바꾸는 시기는 3학년부터다. 국어 교과서도 글줄이 꽤 늘어나고 읽어야 할 내용이 부쩍 많아진다. '사자의 지혜'를 읽던 아이들은 2년 뒤, 국어 교과서에서 '거인 부벨라와 지렁이 친구'를 읽는다.

국어만이 아니다. 1,2학년에 배웠던 통합 교과서가 과학, 사회, 도덕, 음악 등으로 나뉘면서 과목별 개념이 두드러진다. 이때부터 아이들이 "교과서가 어려워요"라고 말한다. 대부분의 개념 설명이 어려운 한자어로 이루어진 탓이다. 3학년에 살살 나오던 한자어는 4학년이 되면서 태연하게 나오다 5학년부터는 비처럼 쏟아진다.

우리 주변에는 어떤 평면 도형이 있을까요?

두 점을 곧게 이은 선을 선분이라고 합니다.

$\frac{1}{4}$, $\frac{2}{4}$, $\frac{3}{4}$과 같이 분자가 분모보다 작은 분수를 진분수라고 합니다.

- 초등 3학년 수학 교과서 중에서

여러 가지 물질에는 어떤 성질이 있을까요?

물질의 성질을 이용해 필요한 물체를 설계해 볼까요?

모양과 부피가 일정한 물질의 상태를 고체라고 합니다.

- 초등 3학년 과학 교과서 중에서

엄마가 첫 참고서를 사러 서점에 달려가는 시기가 있다. 초등학교 3학년, 과학 단원 평가 전날이다. 1,2학년까지 교과서가 쉽다고 말했던 아이가 갑자기 이렇게 하소연한다.

"엄마, 과학 시간에 물체와 물질이 나오는데 무슨 말인지 하나도 모르겠어."

아이들에게 한자어는 외국어처럼 낯설다. 단어를 보고 무슨 뜻인지 이해할 수가 없다. '물질은 무엇이다'라는 정의도 어렵지만, 설명을 들었다 해도 뒤돌아서면 '참, 그게 뭐였더라?' 금세 까먹는다. 한두 번 뜻을 말해주면 기억하겠지, 생각한다면 그거야말로 커다란 착각이다. 낯설고 어려운 한자어가 교과서에 나오면 아이들은 문장을 '대충' 읽고 넘어간다. 문장을 읽긴 읽었는데 온전히 이해하지 못한다. 얼핏 이런 내용 같기는 한데 확실히 알지 못하는 모호한 상태가 지층처럼 축적되다 나중에는 꽤 단단한 거부감으로 바뀐다.

불안한 마음에 불을 지르고 싶지는 않지만 4,5학년이 되면 교과서에 나오는 예시나 본문이 한층 길어지고 한자어가 떼로 쏟아진다. 수학, 사회, 과학 등 교과목에 나오는 개념 자체가 어려워지는데다 죄다 한자어로 이뤄져 있어 어른이 읽어도 어렵다.

기호는 학교, 우체국, 논 등을 지도에 간단히 나타내는 표시이고, 범례는 지도에 쓰인 기호와 그 뜻을 나타냅니다.

지도에서는 땅의 높낮이를 등고선과 색깔로 나타내며, 등고선은 땅의 높이가 같은 곳을 연결한 선입니다.

공공 기관은 개인의 이익이 아닌 공공의 이익과 생활의 편의를 위해 국가가 세우거나 관리하는 곳입니다.

— 초등 4학년 사회 교과서 중에서

아이들의 읽기 격차가 벌어지는 지점은 긴 글을 읽어내고 한자어가 자주 나오는 시기와 맞아떨어진다. 아이가 꺼내는 "공부가 어려워요"라는 말은 "한자어가 이해가 안 가요"라는 말과 똑같다. 첫 시험대는 3학년이고 학년이 올라갈수록 읽기 격차가 심해진다. 체감상 교과 내용이 가장 어려운 시기는 5학년이다. (특히 수학은 홀수 학년에 새로운 개념이 대거 나옵니다.)

한자어는 영어 원서 읽기에서도 발목을 잡는다. AR 지수 3단계 수준의 챕터북만 읽더라도 번역에 한자어가 자주 나오는데, 아이들은 그 뜻을 정확히 이해하지 못한다. 가령 'surrender'는 알지만 '항복하다'는 모르고, 'disguise'는 알지만 '위장하다'는 모른다. 'drain'이 대강 어떤 말인지는 알겠는데, '배수관'이라고 하면 고개를 갸웃한다. 한자어가 부족한 아이들은 영어 수준이 높아도 그것을 한글로 정확히 바꾸기가 어렵다. "엄마, 그거 있잖아. 물이 막

흘러가는 통, 그거."

아이로니컬하게도 읽기 격차가 벌어지는 시기부터 아이들의 읽기 시간이 확 줄어든다. 다들 일상이 바빠지고 할 일이 많아지면서 책읽기는 마지막 옵션으로 떨어진다. 1,2학년부터 읽기 수준이 뒤떨어진 남자아이라면 어떨까? 학년이 올라갈수록 한자어가 가득한 글을 읽어야 하니 교과서가 어렵게 다가온다. '지루해', '짜증나', '하기 싫어' 등 부정적 감정이 앞서다 고학년이 되면 책과 완전히 멀어진다.

"책을 잘 읽으면 나중에 공부도 잘하나요?" 유아를 키우는 엄마들이 선배 엄마에게 종종 하는 질문이다. 책육아가 훗날 공부로 꼭 연결되기를 바라는 마음에서다. 대답은 한자어가 가득한 교과 개념까지 충분히 하느냐에 달려 있다. (교과 개념이 거의 나오지 않는) 저학년에는 책읽기와 공부의 연관성이 강하지만, 고학년을 넘어서면 지식 내용을 이해하는 과정이 추가된다. 재미있는 판타지책만 줄줄 읽어서는 공부를 잘하기가 어렵다는 이야기다. 그리하여 선배 엄마들은 일찌감치 책육아에 대한 유명한 후기를 남긴 바 있다.

"책 읽는 아이가 공부를 다 잘하지는 않지만, 공부 잘하는 아이는 대개 책읽기를 즐긴다."

한자 공부, 어떻게 시작할까

초등 저학년에는 책을 풍성하게 읽으면 충분하다. 읽기가 밑바탕이 되어 나중에 한자를 배우면 '이 단어가 이런 뜻이었구나' 쉽게 이해한다. '저학년'이 '낮을 저 (低)' 자를 사용해 낮은 학년을 가리킨다는 걸 깨닫는다.

교과서 한자어가 먼저다

저학년 교과서에 나오는 기본적인 지시어나 학습 용어는 나올 때마다 익힌다. 특히 3,4학년부터 사회와 과학 교과서에 나오는 한자어는 꼭 풀어서 외운다. '우리 고장의 문화유산'을 배운다면 '문화유산'의 한자를 풀어서 익힌다.

확장식 한자 공부가 효율적이다

3학년부터는 확장식으로 한자 단어를 익히기 좋다. '클 대(大)' 자를 배우고 관련 어휘, 즉 대상, 대왕, 대지 등을 한꺼번에 익히는 식이다. 한글을 풍성하게 접한 아이일수록 확장식 한자 공부가 빛을 발한다.

한자 만화책으로 호기심을 자극한다

저학년에는 만화책을 통해 호기심을 자극하는 편이 의외로 효과적이다. 아이가 공부처럼 느끼지 않으면서 낯선 한자어를 익히고 관심을 가진다. 아이가 관심을 보이면 충분히 그 세계에서 놀게 한 뒤, 하루 몇 개씩 단어를 외우게 한다.

유치원부터 초등 저학년까지 아이들은 인생에서 가장 많은 책을 읽는다. 5∼7세가 재미있는 그림책으로 호기심을 확장하고 한글을 배우는 시기라면, 8∼10세는 읽기 독립을 이루고 읽기 수준을 한껏 끌어올리는 나이다. 다시 말해 초등학교 입학을 기준으로 책읽기가 달라진다는 이야기다. 5세부터 10세까지, 6년 동안 아이의 책읽기 능력은 시작, 발전, 확장된다.

- 5,6,7세 초등 대비 책읽기
- 8,9,10세 초등 읽기 독립기

Part 4

5~10세 아들을 위한
책육아 로드맵

5,6,7세
초등 대비 책읽기

5~7세 아들의 인생책,
여기에서 나온다

유치원 시기는 의사소통이 자연스러울 만큼 언어 수준이 발달한 데다 여전히 상상력이 풍부해 책읽기에 더할 나위 없이 좋은 나이다. 내용이 재미있고 호기심을 자극할 수 있는 책을 풍성하게 접하면 좋다. 아들은 단조로운 줄거리보다 극적이거나 웃기거나 반전이 있는 이야기를 즐긴다.

좋아하는 주제책

책읽기에 있어 1순위는 언제나 '좋아하는' 주제다. 약속이나 한 것처럼 남자아이들은 어렸을 때부터 웅장하고 거대하고 빠른 것에 시선을 빼앗긴다. 자동차나 버스, 굴삭기, 기차, 소방차, 공룡, 로봇 등에 열광한다.

"아이가 무엇을 좋아할 때는 읽기에 어려움이 없었어요. 한창 공룡을 좋아할 때 다양한 읽기 자료를 봤거든요. 그림이 크고 세밀한 도감과 백과사전, 공룡이 나오는 그림책 등을 자유롭게 넘나들면서 말이죠. 글을 모르니 대부분 제가 읽어주었는데, 그때 그 말들을 그대로 기억했다가 제게 다시 설명해주곤 했어요."

자기가 좋아하는 주인공이나 주제가 나오면 아들은 그것이 이야기책이든 지식책이든 백과사전이든 상관하지 않고 잘만 본다. 글줄이나 두께에 대한 거부감도 없다. 스스로 이해할 수 있는 수준에서 내용을 흡수한다.

이럴 땐 이렇게! 5~7세에는 그림이나 사진이 크고 자세한 책이 좋다. 아직 글자에 익숙하지 않아서 이미지만으로 대상의 크기나 특징을 파악하기 때문이다. 달랑 공룡 그림만 있고 숫자로 크기가 덧대어 있다면 아이는 잘 이해할 수 없다. 만약 티라노사우루스 그림이 있고 옆에 비교 대상인 사람이 있다면 어떨까? 아이는 단번에 사람보다 얼마나 크구나, 가늠한다.

🔖 친구와의 관계책

유치원 시기에 남자아이들은 친구와 놀고 싶어 안달이 난다. 과거에는 같이 있어도 따로 놀았지만, 이제 여러 명이 모여서 하나의 놀이를 한다. 잡기 놀이도 하고 대장 놀이도 한다. 아무리 부모가 정성스럽게 놀아줘도 놀이터에서 아이들이 무리 지어 있으면 고개가 돌아가고 눈이 고정된다. 다만 학령기 전까지 아이들은 여전히 '자기중심적' 사고가 강하다. 남을 배려하거나 관계를 조절하는 능력이 부족해서 친구의 장난감을 잡아채거나 엄마가 준 과자를 혼자 먹어 치운다. 놀다 다투고, 놀다 우는 일이 자주 생긴다.

유치원 시기에 읽는 관계책은 크게 두 종류다. 서로 다른 존재가 친구가 되면서 다양성을 인정하거나, 친구 사이의 갈등을 사이좋게 해결하는 이야기다. 예를 들어 『친구의 전설』이 호랑이와 민들레가 친구가 되는 과정을 담았다면, 『무지개 물고기The Rainbow Fish』는 친구 사이의 갈등을 해결하는 이야기다. 막 유치원에 들어갔다면 《공룡 유치원Dinofours》과 『당근 유치원』을 보면서 단체 생활을 미리 접한다.

이럴 땐 이렇게! 사회성이 한껏 발달하는 유치원 시기에는 '친구책' 혹은 '관계책'을 충분히 읽는다. 특히 타인의 감정에 둔한 남자아이라면 그림책을 통해 친구와의 관계나 감정을 돌아보아야 한다. '놀다가 이런 말을 하면 친구가 싫어하는구나.', '친구가 힘들 때는 내가 도와주어야 하는구나.' 평소 친구를 밀치거나 놀리거나 때리는 등 자기 마음대로 행동하는 남자아이에겐 훈육과 더불어 관계책이 꼭 필요하다. 아이들은 책에 나온 내용을 엄마 말보다 더 믿는다.

📖 스스로 도전하는 심부름책

5~7세 아이들은 무엇인가 도전하고 해내는 것을 즐긴다. '나는 할 수 있어' 자부심을 느끼며 어제보다 성장한다. 스스로 해내기의 대표적인 이야기가 심부름하기다. 어른에게는 단순해 보이는 심부름하기에는 ① 용기 내어 집을 나가서, ② 길을 따라 걷다가, ③ 가게를 찾아 물건을 사서, ④ 돈을 내는 과정이 한꺼번에 담겨 있다. 꽤 복잡한 '어린이 종합능력평가'와 같다.

다행히도 남자아이에게 심부름하기는 판타지 모험에 가깝다. (안절부절못하는 사람은 오히려 부모입니다.) 목적지를 찾아가 과제를 수행하는 과정이 하나의 놀이에 가깝기 때문이다. "오늘은 심부름을 해보자. 상은 네가 좋아하는 젤리나 과자야. 도전해볼래?" 엄마가 이렇게 말하면 거부할 남자아이는 거의 없다.

심부름책의 고전인 『이슬이의 첫 심부름』은 5살 주인공이 우유를 사러 가는 이야기다. 슈퍼로 가면서 이슬이는 자전거 탄 아저씨도 만나고 친구도 만난다. 드디어 슈퍼에 도착한 이슬이는 용감하게 말한다. "우유 주세요!" 아이에게 심부름이 얼마나 거대한 모험인지 보여준다.

존 버닝햄의 『장바구니The Shopping Basket』는 심부름책의 업그레이드 버전이다. 엄마가 스티븐에게 꽤 긴 심부름 목록을 주는데, 종이에는 달걀 6개, 바나나 5개, 사과 4개 등이 적혀 있다. 여러 물건을 사야 하는 데다 돌아오는 길에는 물건을 빼앗으려는 동물까지 만난다. 심부름하기에 숫자 셈하기와 용기 내기가 추가된 셈이다. 이 외에도 『그레이엄의 빵 심부름』이나 『마법 시장』과 같은 이야기가 있다.

이럴 땐 이렇게! 아직 아이들은 전체를 보는 눈이 부족하다. 당연히 심부름책은 처음이나 마지막에 집부터 가게까지의 약도가 그려져 있어야 한다. 아이가 길 전체를 보면서 이야기를 순서대로 다시 떠올리거나 작은 공간에서 커다란 공간으로 시야를 확장할 수 있다.

📖 오싹오싹 무서운 책

아이들은 무서운 대상을 겁내는 동시에 궁금해한다. 아이 방에 자주 나타나는 괴물, 거인, 유령, 귀신, 도깨비, 마녀 등이 인기 주인공들이다. 말썽꾸러기 주인공이 괴물들을 만나는 『괴물들이 사는 나라Where the Wild Things are』, 겁이 많은 괴물이 나오는 『정말 정말 한심한 괴물, 레오나르도Leonardo the Terrible Monster』, 못생기고 성질 나쁜 괴물이 주인공인 『슈렉Shrek』 등이 손에 꼽힌다.

무서운 책을 통해 아이의 마음은 훌쩍 성장한다. 무섭지만 그것을 이겨내고 밤에 화장실도 가고 혼자 잠도 자면서 자신감을 가진다. 특히 남자아이는 '난 이제 제법 컸다고', '무섭지 않아!'를 스스로 증명하고 싶어 한다. 가령 『오싹오싹 팬티!Creepy Pair of Underwear!』의 토끼 재스퍼는 속옷 가게에서 '공포의 초록 팬티'를 보고는 엄마에게 사달라며 이렇게 말한다. "저건 으스스한 게 아니에요! 멋진 거죠! 엄마, 난 이제 아가가 아니라 다 큰 토끼라고요!"

이럴 땐 이렇게! 그림책 속 무서운 대상은 첫인상과 달리 심약하거나 귀여운 경우가 많다. '알고 보니 내가 오해했네' 식의 이야기로 아이들의 두려움을 희석하는 것이 목적이다. 아직 상상력이 넘쳐나는 아이들은 시각적으로 무서운 대상을 접하면 그것이 방문 뒤에도 있고 화장실에도 있다고 여긴다. 며칠 동안 악몽을 꾸기도 한다. 옆집 아이가 본다고 《신비아파트》와 같은 무서운 만화책을 일찍 보여줄 필요는 없다.

📖 이야기에 참여하는 놀이책

책이 아이들에게 말을 거는 적극적인 방식은 이야기에 참여시키는 구성이다. 주인공이 모험을 떠나는데 숨은그림찾기를 하거나 미로를 탈출하거나 사건의 범인을 '함께' 찾는 형식이라면 어떨까. 아이는 한껏 기뻐하며 이야기에 뛰어든다. 맞다, 아이들은 본능적으로 참여할 구석이 있는 책을 좋아한다.

숨은그림찾기를 하는 월터 윅의 《너도 보이니?ᶜᵃⁿ ʸᵒᵘ ˢᵉᵉ ᵂʰᵃᵗ ᴵ ˢᵉᵉ?》 시리즈는 어떤가. 멋진 사진들이 쭉 이어지면서 하나의 이야기가 완성된다. 작가는 사진 속에 아이들이 찾아야 할 것들을 섬세하게 숨겨놓았다. '너도 보이니?'라는 책 제목은 '너도 찾아봐. 그래야 책장을 넘길 수 있어'라는 뜻이다.

『80일간의 퀴즈 여행ᴬʳᵒᵘⁿᵈ ᵗʰᵉ ᵂᵒʳˡᵈ ⁱⁿ ⁸⁰ ᴾᵘᶻᶻˡᵉˢ』은 공상에 빠진 주인공이 풍선을 타고 세계 여행을 한다는 줄거리다. 작가는 책장을 넘길 때마다 독자에게 하나의 과제를 던진다. '다른 새들과 달리 혼자 반대쪽으로 날고 있는 새를 찾으세요.' 아이들은 빼곡히 그려진 그림들을 하나하나 관찰하면서 정답을 찾는다.

이럴 땐 이렇게! 부모들은 서너 살에 조작북을 사주다가 5세가 되면 '이제 그런 건 졸업해야지' 생각한다. 유치원 시기야말로 소근육 발달을 위해서 다양한 조작북이나 조립 장난감이 필요한 나이다. 굴삭기책이든 과학책이든 손으로 만지고 움직이는 책이 좋다. 언제나 부모는 아이의 발달보다 앞서 뛰어가려고 한다는 점을 기억하자.

창작 그림책
☑ 재미, 감각, 시각적 문해력을 잡는다

    창작 그림책은 유아 시기의 '기본서'다. 수많은 작가가 자유롭게 만들어낸 다양한 이야기가 책 속에 넘실대고, 아이들은 그 세계에서 마음껏 놀면서 상상력을 키워나간다. 앤서니 브라운의 『터널The Tunnel』을 읽으면 으스스한 어둠의 터널로 들어가고, 이지은의 『이 파라파냐무냐무』를 펼치면 귀여운 털북숭이 괴물과 친구가 된다. 단지 종이 한 장을 넘겼을 뿐인데 이토록 흥미진진하고 다채로운 경험이 가능하다.

📖 가장 재밌다

유아 시기는 그림책 읽기의 시간이다. 굳이 단계를 따져보면 보드북을 넘기며 책과 친해지는 2살까지, 간단한 이야기책을 읽는 3~4살까지, 다양한 주제를 흡수하는 유치원 시기까지를 거친다. 가장 재미있는 이야기는 역시나 유치원 시기에 읽는 그림책이다. 구성이나 표현에 제약이 많지 않아 작가가 자유롭게 이야기를 만들기 때문이다.

남자아이들은 이야기 자체가 흥미롭거나 생각지 못한 전개가 펼쳐질 때 재밌다고 느낀다. '와, 이야기가 이렇게 흘러가네', '마지막에 어떻게 될까?'라고 궁금해한다. 독특한 이야기 전개나 마지막 반전은 작가가 오로지 이야기에 집중했을 때 가능하다. 존 클라센의 『내 모자 어디 갔을까?I Want My Hat Back』를 읽다가 마지막 페이지에 닿으면 아이들의 머릿속은 복잡해진다. '어떻게 된 거지?', '왜 토끼는 안 보이지?'

📖 읽기 '감'이 생긴다

그림책 읽기는 작가의 생각을 알아채는 과정이다. 글의 배치, 그림과 색채, 책의 형태, 여백 등이 모두 이야기의 일부다. 아이들은 알게 모르게 다양한 요소를 파악하면서 이야기를 흡수하고 이 과정에서 읽기감이 생긴다.

'이 그림이 이런 뜻이었구나.'
'앞으로 어떤 일이 벌어지겠구나.'
'배경 색깔을 보니까 주인공 마음이 슬픈 것 같다.'

그림책 작가는 'a는 b입니다'라고 단순히 설명하지 않는다. 직설적인 지식책과 달리 은유적이거나 반어적으로 표현한다. 지식책에서 '돌멩이'가 나온다면 '돌덩이보다 작은 돌입니다. 딱딱합니다'라고 설명할 것이다. 그러나 창작 그림책에서의 돌멩이는 훨씬 근사한 존재다. 마리안나 코포의 그림책 『돌멩이Petra』에서는 이렇게 표현한다. '난 어디에도 가지 않아. 모두가 날 찾아오지.'

📖 시각적 문해력이 싹튼다

프랑스 파리 루브르 박물관에서 〈모나리자〉를 직접 보았을 때, 나와 아들의 감상 후기는 그다지 환상적이지 않았다. 그림이 생각보다 작았고, 작품 앞에 사람들이 너무 많았으며, 좀 보려는 찰나에 뒤로 밀렸다. 아이와 미술관에서 유명한 작품을 보기란 생각보다 쉽지 않다. 미술관까지 가기도 어렵거니와 호젓하게 감상하기는 더 힘들다.

아이들이 여유롭게 그림을 감상하는 방법은 무엇일까? 한가로운 시간에 거실에서 그림책을 펼치는 일이다. 창작 그림책에는 미술관에 걸릴 법한 멋지고 아름다우며 독특한 작품들이 가득하다. (그림책을 접한 엄마들은 그림의 예술성에 다들 감탄합니다.) 그림책을 펼치는 순간, 미술관에 입장하는 듯한 기분에 빠진다.

굳이 파리행 비행기표를 사지 않아도, 대기 줄을 서지 않아도 미적 감각이나 시각적 문해력을 키울 수 있다. 세밀한 그림체로 유명한 '앤서니 브라운', 색채의 마술사로 불리는 '브라이언 와일드 스미스', 몽환적이고 환상적인 느낌의 '데이비드 위즈너', 아이가 그린 듯 자유로운 그림체의 '존 버닝햄', 콜라주 기법을 애용하는 '에릭 칼', 따뜻한 색감을 사용하는 '주디스 커', 입체 인형을 사진으로 담는 '백희나' 등의 그림책은 한 페이지를 액자에 넣으면 그대로 멋진 작품이 된다.

그림책을 마음껏 즐길 시간은 고작해야 3년 남짓이다. 아이가 초등에 들어가면 '그림책의 유효 기간은 끝났습니다'라고 선언하듯 엄마들은 책장에 읽기책과 지식책을 꽂느라 바쁘다. 지금 충분히 읽고 보고 느끼는 것이 중요하다. 본디 그림책 읽기에 유효 기간이란 존재하지 않는다. 아이가 초등 고학년이나 중학생이 되어도 여전히 간직하고 싶은 그림책들은 있기 마련이다. 단지 이야기가 재미있거나 그림이 아름다워서가 아니다. 엄마와 아이가 함께했던 따뜻한 기억이 배어 있어서다.

우리 집 책장에도 여전히 '나이 든' 그림책이 꽂혀 있다. 누군가가 아이에게 주었을 때 이미 10살을 넘겼으니, 아이 곁에 머문 시간을 합하면 20살을 넘긴 책도 있다. 표지만 봐도 '그때 아이가 몇 살이었지', '이 그림을 보고 아이가 이런 말을 했지' 등의 추억이 세트로 생각난다. 『곰돌이 푸Winnie-the-Pooh』를 보면서 아이가 웃던 얼굴이라든지, 『구리와 구라의 빵 만들기』 마지막 장면에서 아이가 깜짝 놀란 표정은 여전히 기억난다. 하도 자주 읽어서 책장이 찢어지고 낙서가 가득하나, 그마저도 아이의 성장 기록처럼 여겨져 버리지 못한다.

지금도 가끔 옛 그림책을 읽어주면 아이가 쑥스러운 듯 말한다. "내가 이런 유치한 책을 읽었단 말이야?" 말은 그렇게 해도 눈빛은 촉촉해진다. 이런 책들은 언제나 추억을 재생시키는 오르골 상자와 같다.

동요와 말놀이책

유치원에 들어가면 아이들은 동요를 자주 부른다. 고사리 같은 손을 허리에 대고 엉덩이를 열심히 흔들면서 "우유 좋아, 우유, 세상에서 제일 좋아", "아기 상어, 뚜루루루" 노래를 부른다. 동요는 리듬을 얹은 말놀이다. 단순한 문장이 반복되다 후반부에 핵심 글귀가 강조되는 구성이다. 아이들은 동요를 따라 부르면서 문장을 기억하고 리듬을 익히며 새로운 단어를 배운다. 부르면 흥까지 나니 평소에 동요 CD를 틀어놓으면 좋다.

말놀이책도 언어의 재미가 가득 담겨 있다. 일반 그림책이 이야기를 중심으로 흘러간다면, 말놀이책은 말의 재미를 강조한 것이 특징이다. 책을 읽어줄 때는 리듬을 넣어 읽어준다. 이억배의 『잘잘잘 123』, 사이다의 『고구마구마』, 한세미의 『간장 공장 공장장』 등이 대표적이다.

1

『달 샤베트』 | 백희나 | 책읽는곰

무더운 여름밤, 에어컨과 선풍기와 냉장고가 뿜어내는 열기에 달이 녹아 내린다. 반장 할머니는 고무 대야를 가져와 달물을 받아 샤베트를 만든다. 독특한 상상력과 그것을 입체적으로 표현한 백희나의 대표작이다.

2

『친구의 전설』 | 이지은 | 웅진주니어

성격 고약한 호랑이와 그 호랑이 꼬리에 붙은 수다쟁이 꽃의 이야기. 절대 친구가 될 수 없을 것 같은 둘은 잘 지낼 수 있을까? 재미있는 이야기 끝에 생각지도 못한 감동이 있다.

3

『고구마구마』 | 사이다 | 반달

고구마들의 대화에 '~구마'라는 어미를 덧붙여서 재미를 강조한 그림책. 다양한 고구마들이 서로의 모양을 보면서 "둥글구마", "불룩하구마", "길쭉하구마", "크구마" 말하는 식이다. 고구마의 모양을 자연스럽게 알려주면서 말 재미까지 더한다.

4

『눈아이』 | 안녕달 | 창비

같은 작가의 『수박 수영장』이 톡톡 튀는 상상력을 자극한다면, 『눈아이』
는 뭉클한 감동을 주는 작품이다. 막 친구를 사귀는 아이가 엄마와 함께
읽고 감정을 공유하기에 좋다.

---

5 『집 안에 무슨 일이?Look Through the Window』 | 카테리나 고렐리크 | 올리

창문 너머로 날카로운 이빨과 부리부리한 눈을 가진 늑대가 보인다. 혹시
늑대가 아기 돼지를 잡아먹는 건 아닐까? 상상력을 한껏 자극하다 책장을
넘기면 생각지 못한 장면이 펼쳐진다.

---

6 『문어 목욕탕』 | 최민지 | 노란상상

혼자서 용감하게 목욕탕에 들어간 아이가 신나는 경험을 하는 이야기. 탕
안에 풍덩 뛰어들자 생각지도 못한 문어가 때도 밀어주고 머리도 감겨주
고 같이 놀아준다. 이런 목욕탕이 있다면 혼자서라도 가고 싶다, 생각이
든다.

---

7 『내 모자 어디 갔을까?』 | 존 클라센 | 시공주니어

모자를 잃어버린 곰이 자기의 모자를 찾아가는 이야기. 지나가던 토끼에
게 모자를 봤냐고 물어보지만 딱 모른다고 하는 토끼. 그러다 곰은 토끼가
자신의 모자를 쓰고 있었다는 사실을 기억한다. 여러 결말을 생각할 수 있
는 7세 이후에 읽는 편이 좋다.

『프레드릭Frederic』| 레오 리오니 | 시공주니어

손자들과 떠난 기차 여행에서 즉흥적으로 잡지를 찢어 『파랑이와 노랑이 Little Blue and Little Yellow』를 만든 것을 계기로 그림책 작가가 된 레오 리오니의 대표작이다. 사람은 무엇으로 사는가에 대한 노장의 따뜻한 시선이 담겨 있다.

9

『누가 내 머리에 똥 쌌어?The Story of the Little Mole Who Knew It was None of His Business』
베르너 홀츠바르트 저·볼프 예를브루흐 그림 | 사계절

두더지가 땅 위로 고개를 내미는 순간, 불행하게도 누군가 머리에 똥을 쌌다. 분노에 찬 두더지는 동물들을 만나면서 '똥 싼' 범인을 찾기 시작한다. 동물들의 특징을 똥을 통해 파악하는 것도 재미있지만 복수를 위해 나서는 두더지의 표정과 동작이 우습다.

10

『터널』| 앤서니 브라운 | 논장

사이가 좋지 않은 남매가 축축하고 으스스한 터널에 들어가 신비한 체험을 한다. 아이들이 낯선 곳에서 느끼는 무서운 기분이 잘 표현되었다. 다양한 형체가 숨어 있는 숲속 그림이 특히 인상적이다.

11

『곰 사냥을 떠나자We're Going on a Bear Hunt』
마이클 로젠 글·헬린 옥슨버리 그림 | 시공주니어

곰을 잡으러 가는 과정에서 반복되는 문구가 아이들의 흥을 돋운다. '곰 잡으러 간단다. 정말 날씨도 좋구나! 우린 하나도 안 무서워.' 책장을 넘길 때마다 반복되는 문구는 꼭 아이와 함께 말해보자.

12　　　　　　　　　　　『감기 걸린 물고기』 | 박정섭 | 사계절

배고픈 아귀와 알록달록한 물고기 떼 사이의 이야기. 물고기 떼를 잡아먹고 싶은 아귀는 이상한 소문을 내기 시작한다. "빨간 물고기가 감기 걸렸대." 과연 이야기는 어떻게 흘러갈까. 아이와 엄마가 모두 재미있게 읽을 수 있다.

13　　　　　　　　　　　『진정한 일곱 살』 | 허은미 글·오정택 그림 | 만만한책방

아이의 시선에서 '일곱 살'에 대해 이야기하는 책. 앞니도 빠지고 채소도 먹고 공룡도 아는 나이다. 주인공처럼 책을 읽고 나서 아이가 생각하는 '일곱 살'을 정의하여 덧대어 말해본다.

14　　　　　　　　　　　『오싹오싹 팬티!』 | 에런 레이놀즈 글·피터 브라운 그림 | 토토북

독특한 초록색 팬티를 산 토끼 재스퍼. 왠지 으스스한 기분에 그것을 쓰레기통에 버린다. 하지만 '그' 팬티가 다시 집에 돌아와 있는데… 후속작으로 『오싹오싹 당근Creepy Carrots!』도 나왔다.

1 2 3
4 5
6 7 8

집마다 대박 난 창작 시리즈와 전집

1 　　　　　　《바바파파》| 안네트 티종 글·탈루스 테일러 그림 | 연두비 | 전집

몸의 형태를 마음껏 바꿀 수 있는 바바 가족의 이야기. 1970년 프랑스에서 동화책으로 출간된 이후 지금까지 사랑받는 스테디셀러다. 전집은 빛글에서 나온 구판과 연두비에서 나온 개정판으로 나뉜다. 40권.

2 　　　　　　《코끼리와 꿀꿀이》| 모 윌렘스 | 봄이아트북스 | 시리즈

코끼리 '코보'와 돼지 '피기' 사이에서 벌어지는 에피소드가 짧지만 재미있다. 책을 읽으면 읽을수록 작가의 재치에 감탄하게 된다. 글줄이 적어서 읽기 독립할 때 유용하다. 15권.

3 　　　　　　《개구쟁이 특공대》| 아람 | 전집

3명의 친구들이 로봇나라, 걸리버랜드, 보물섬으로 낯선 모험을 떠난다. 놀이터에서 놀던 아이들이 마법의 통로를 거쳐 환상의 세계로 가는데, 우리 아이는 '반짝반짝 번쩍'이라는 문구만 봐도 '환상의 세계로 간다' 싶어서 기뻐했다. 개정 전 판은 꼬마대통령에서 나왔다. 12권.

고대영 작가가 본인 아이들의 이야기를 담아낸 시리즈. '우리 아이랑 똑같네' 싶은 에피소드가 많아서 공감을 일으킨다. 분홍색 돼지 수납함이나 얼룩 고무공처럼 친숙한 물건이 등장하는 것도 매력이다. 거짓말, 용돈, 손톱 깨물기, 자전거 타기 등의 이야기가 있다. 24권.

유치원 시기부터 느낄 수 있는 아이의 감정에 주목한 이야기가 많다. 아이가 겪을 만한 주제와 자주 접하는 공간을 최대한 이야기에 끌어들여 아이의 공감 지수를 높였다. 아이들의 공포를 다룬 『놀이터 귀신』, 한 번쯤 겪을 만한 『난 오줌 안 쌌어』 등의 이야기가 있다. 58권.

간지럼 씨, 먹보 씨, 행복 씨, 참견 씨, 마술 양, 고집 양 등 책마다 다양한 캐릭터가 등장해 이야기를 풀어간다. 매끄럽지 못한 번역이 아쉽지만, 이야기가 독특해서 추천한다. 글줄이 많아서 7세는 되어야 볼 수 있다. 여러 출판사를 거치면서 버전마다 책 권수가 각기 다르다. 82권.

백희나, 최숙희, 윤정주를 비롯해 우리나라 작가들의 재미있는 작품이 모여 있다. 아이의 상상력을 자극할 이야기들이 가득하니 '요즘 재미있는 그림책'이 궁금하다면 한 권씩 읽는다. 91권.

《비룡소의 그림동화》| **비룡소** | **시리즈**

그림책의 고전 작품들이 대거 포진하고 있어 골라 읽는 재미가 있다. 300권이 넘는 책이 시리즈로 출간되었는데, 존 버닝햄, 윌리엄 스타이그, 에즈라 잭 키츠 등의 작품이 눈에 띈다. 글줄만 따지면 유치원 시기에 적당하지만, 깊게 생각하며 읽기에는 초등까지 괜찮다. 315권.

9

《네버랜드 Picture Books 세계의 걸작 그림책》| **시공주니어** | **시리즈**

칼데콧상과 케이트 그린어웨이상을 받은 책들이 많다. 모리스 샌닥, 레오 리오니, 앤서니 브라운, 유리 슐레비츠, 토미 웅거러 등의 작품은 내용과 그림이 우수하다고 평가된다. 작가나 상을 검색해 골라보면서 그림책에 대한 눈을 키우기에 좋다. 294권.

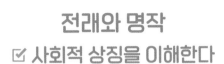

전래와 명작
☑ 사회적 상징을 이해한다

우리나라 옛이야기가 전래 동화라면, 세계 옛이야기는 명작 동화다. 특히 명작은 대부분 유럽에서 전해지던 민담을 모은 이야기다. 샤를 페로가 유럽의 민담을 토대로『푸른 수염Blue Beard』,『장화 신은 고양이Puss in Boots』,『신데렐라Cinderella』등을 담은『페로 동화Charles Perrault Fairy Tales』를 출간했다면, 그림 형제는 독일 민담 86편을 정리해『그림 형제 민담집: 어린이와 가정을 위한 이야기』를 세상에 내놓았다.『백설공주The Snow White』,『헨젤과 그레텔Hansel and Gretel』,『브레멘 음악대The Bremen Town Musicians』등의 이야기가 담겼다.

옛이야기 = 명작 동화 + 전래 동화

아이들이 옛이야기 그림책을 재미있게 읽는 시기는 유치원에 다니는 3년, 길면 초등 1학년까지다. 이야기 맛을 알아가는 시기에 극적 이야기를 접하니 당연한 반응이다. 유치원에서도 옛이야기를 학습 활동에 자주 활용하는 데다 엄마들도 나름의 독서 계획을 가지고 있어 '초등 들어가기 전에 옛이야기는 읽어야지'라고 생각한다.

명작과 전래는 확실히 창작 동화와는 다른 맛이 있다. 기승전결이 뚜렷하고 선악이 분명하며 권선징악이 확실하다. 끝까지 읽었을 때 '나쁜 사람이 벌을 받았네', '역시 착한 사람이 잘돼서 다행이야' 등의 정서적 쾌감이 있다. 책을 읽으면서 주인공의 지혜로운 생각을 배우거나 선한 마음도 본받는다.

무엇보다 사건이나 행동 위주로 이야기가 꿀떡꿀떡 넘어가고, 긴 배경 설명이나 감정의 열거가 없어 지루하지 않다. 『흥부와 놀부』 이야기는 어떤가. 가난한 흥부가 놀부에게 쫓겨나 제비 다리를 고쳐주고 박을 타서 부자가 되는 사건이 쉴 틈 없이 이어지니 그것만 따라가도 재미가 있다. 흥부가 달빛 아래에서 서러운 감정을 길게 늘어놓지도 않거니와 가슴 깊게 새긴 교훈을 새삼 반복하지도 않는다. 즉, 사람들 입을 통해 전해지는 옛이야기는 오로지 '흥미로운' 이야기로만 승부한다.

아이들이 옛이야기를 좋아하는 또 다른 이유는 창작에서 못 보던 내용이 쏟아지기 때문이다. 창작이 '누군가 심술을 내서 싸웠지만 잘 화해했어요'의 분위기라면 명작과 전래는 누군가 못살게 굴어서 사람이 죽고 심지어 되살아나기도 한다. 잘 살던 집에서 쫓겨나 생고생을 하지 않나(손톱을 먹은 들쥐), 여우가 집안 가축과 가족을 잡아먹지 않나(여우누이), 몸의 반쪽만 가지고 태어나 온갖 구박을 받지 않던가(반쪽이). 명작으로 넘어가도 별다르지 않다. 새엄마에게 온갖 천대를 받다 왕자를 만나거나(신데렐라), 부모가 아이들을 숲속에 내다 버리는 이야기가(헨젤과 그레텔) 나온다. 아이들이 이렇게 자극적인 이야기를 어디에서 접하겠는가.

옛이야기는 태생적으로 줄거리가 극적이고 굴곡질 수밖에 없다. 사람들의 입에서 입으로 전해지면서 자극적인 부분은 강조되고 밋밋한 부분은 생략된다. 드라마 주인공이 평범하고 무던하게 자라기보다 온갖 고초를 겪다 성공해야 더 흥미로운 것처럼. 덕분에 책 안 좋아해요, 손사래를 치는 남자아이도 옛이야기는 잘 읽는다.

📖 사회적 상징을 이해하는 첫 단계다

옛이야기는 5~7세 아이들이 사회적 상징이나 의미를 이해하는 첫 단계다. '빨간 모자', '못된 늑대', '피노키오의 코', '신데렐라의 유리 구두', '놀부의 욕심', '도깨비방망이' 등은 이미 우리 사회에서 상징적인 존재다. 샤를 페로가 『신데렐라』를 발표한 때가 까마

득한 1697년이지만, 사람들은 여전히 "신데렐라 드라마는 좀 식상해"라고 말하지 않나. 지금도 각종 영화와 드라마, 그림과 문학에서 고전적인 옛이야기를 패러디하거나 인용하거나 재탄생시킨다. 멀리 갈 것도 없다. 초등학교에 가면 아이들이 접하는 학습 동영상에서 자주 사용되는 줄거리가 옛이야기다. '피노키오가 인터넷에서 악플을 달다 코가 길어졌어요'라고 설명하는 식이다.

📖 책을 싫어한다면 소리로 들려준다

창작 그림책은 작가가 그림과 이야기를 함께 구성한 결과물이다. 눈으로 보고 귀로 듣기에 적합하다. 반면 명작이나 전래는 '귀로 듣는 이야기'에 가깝다. 옛이야기는 입에서 입으로 전해지다가 나중에야 책이 되었으니 귀로 듣기만 해도 이야기가 잘 넘어간다. 20년 전에 출간된 명작이나 전래 전집에도 CD가 꼭 세트로 끼어 있는 이유다.

책을 싫어하는 남자아이라면 옛이야기 CD가 책읽기에 고마운 디딤돌이 된다. 평소 명작이나 전래 CD를 부담 없이 틀어놓자. 아이는 놀다가 듣다가를 반복하다가 재미있는 이야기가 나오면 놀기를 멈추고 이야기에 집중한다. 엄마가 해줄 것이라곤 아이가 집중한 이야기를 책으로 읽어주는 일이다.

📖 지금 다 읽지 않아도 된다

세계적인 옛이야기는 그 범위가 매우 넓어서 출판사의 선별 기준에 따라 출간 목록이 정해진다. 워낙에 범위가 넓은 명작은 더욱 그렇다. 어떤 전집은 낯선 나라의 옛이야기까지 담는가 하면, 또 다른 전집은 디즈니 만화에 나왔던 이야기만 싣기도 한다.

아이가 좋아한다면 어떤 옛이야기라도 상관없다. 다만 유명한 이야기를 무조건 축약해서 유아용으로 만든 것은 추천하지 않는다. 『보물섬Treasure Island』, 『걸리버 여행기Gulliver's Travels』, 『로빈 후드Robin Hood』와 같은 긴 이야기를 과하게 축약하거나 시대 배경을 쏙 빼버리면, 책을 읽다가 '이게 무슨 이야기야?' 의문이 생긴다. 게다가 축약본을 읽고서 '난 이 이야기 다 알아' 성급하게 생각하게 한다.

📖 이야기를 빌려 훈계하지 않는다

아들을 키우는 부모들은 '옛이야기를 빌려' 혼내기를 좋아한다. 전래나 명작을 읽어주다 아이의 행실을 꺼내어 재차 지적한다. "어제 우리 ○○도 엄마 말 안 들었는데!", "이렇게 아이 마음대로 하니까 문제가 생기는구나.", "봤지? 학교에 잘 다녀야겠지?"

옛이야기는 태생적으로 어른들이 하고 싶은 이야기가 세트로

포장되어 있다. 읽다 보면 자연스럽게 아이들이 교훈을 깨닫게 된다는 이야기. 즐거운 책읽기 시간에 부모가 아이 행실을 들먹이며 교훈을 강조할 이유가 전혀 없다.

·Add·

옛이야기를 읽을 때 생각할 것

잔인한 장면을 너무 걱정하지 않는다

옛이야기를 읽어주는 엄마들은 '이거, 읽어줘도 될까?'라는 심리적 저항감이 있다. 괴물의 머리를 9개 자르거나 늑대 배를 갈라 돌멩이를 넣을 때 '너무 잔인해'라고 생각한다. 하지만 아이들은 이러한 장면을 읽을 때 등장인물의 행동에 주목하지, 상태에 집중하지 않는다. 늑대의 배를 가르는 행동이 재미있다고 생각하지, 배를 가르면 내장과 피가 나올 텐데 어쩌나 걱정하지 않는다. 아직 구체적인 배경지식이 부족한 탓이다.

아이가 무서워하는 책은 과감히 치운다

이야기 자체가 잔인하거나 무서운데 그림까지 진지하면 심약한 아이들은 겁을 먹는다. 특히 상상력이 풍부한 아이들은 무엇에 쫓겨 도망가는 장면을 무서워한다. 『여우누이』에서 여우가 계속 쫓아오거나 『해와 달이 된 오누이』에서 호랑이가 도끼를 찍고 나무에 올라오는 장면처럼. 평소 혼자 있을 때도 여우나 호랑이가 자기를 쫓아온다고 상상한다. 생각해보면 부모들도 비슷한 경험이 있다. 어렸을 적 드라마 <전설의 고향>을 볼 때 시체가 살아나 "내 다리 내놔" 말하며 쫓아오던 장면에서 눈을 질끈 감지 않았던가.

눈높이에 맞는 이야기부터 읽는다

책읽기가 유아 교육의 일부분이 되면서 아이가 3,4세만 되어도 일찌감치 명작이나 전래 전집을 들이는 집이 많다. 유명한 이야기니까 일찍 읽히면 좋겠지, 막연하게 생각한다. 앞에서 말한 것처럼 옛이야기에는 금기 내용이 많이 들어 있다. 그러니 무조건 일찍 읽을 이유가 없다. 지금은 옛날과 달리 아이들의 눈높이에 맞춘 창작 그림책이 차고 넘친다. 정서 나이에 맞는 이야기부터 읽으면 충분하다.

곶감보다 맛있는 옛이야기 시리즈와 전집

[1] 　　　　　　　　　　　　《이야기꽃할망》 | 그레이트북스 | 전집

귀엽고 웃긴 표정의 주인공들이 표지에 등장해 아이들의 호기심을 끈다.
무서운 주인공들을 둥글고 귀엽게 표현한 것이 특징. 우리말의 리듬감이
살아 있는 것도 강점이다. 72권.

[2] 　　　　　　　　　　　　《네버랜드 옛이야기》 | 시공주니어 | 시리즈

우리나라와 세계에서 전해지는 옛이야기가 섞여 있다. 전래는 이야기의
반복 구조를 살린 데다 해학적인 그림을 채용했는데, 『팥죽 할멈과 호랑
이』, 『콩중이 팥중이』, 『버리데기』가 특히 잘 나왔다. 50권.

[3] 　　　　　　　　　　　　《세계의 옛이야기》 | 비룡소 | 시리즈

우리나라를 비롯해 독일, 그리스, 일본, 스위스 등 세계 각국의 이야기를
다양하게 모아서 구성했다. 케이트 그리너웨이가 그린 고전 『하멜른의 피
리 부는 사나이』The Pied Piper of Hamelin 부터 앤서니 브라운이 그린 현대판 『헨
젤과 그레텔』까지, 시대를 넘나들며 다양한 이야기를 접할 수 있다. 55권.

1 1
2 2
2 3 3

　　　　　　　　　　　　《이야기주머니 깨동이》 | **세이펜북스** | **전집**

경쾌한 이야기에 재미있는 그림이 더해진 전래 동화집이다. 운율과 반복을 살려 입말의 재미를 강조했다. 이수에서 나왔던 전래 동화집이 별똥별을 거쳐 다시 세이펜북스에서 개정판으로 나왔다. 좀 다듬어진 개정판도, 가성비 좋은 구판도 다 괜찮다. 68권.

5 　　　　　　　　　　　　《애니메이션 세계명작동화》 | **교원** | **전집**

책 크기가 어른 손바닥 크기와 비슷해서 가지고 다니면서 읽기에 좋다. 애니메이션 명작은 컴퓨터 그래픽으로 그린 3D 버전 신판과 옛날 그림인 구판이 있다. 신판 구성은 1부 50권, 2부 30권이다. 남자아이에게는 만화식 그림이 들어간 60권 구성의 구판이 더 매력적이다. 80권.

6 　　　　　　　　　　　　《디즈니 자이언트 명작 시리즈》 | **프뢰벨** | **전집**

디즈니 만화로 접했던 세계 명작을 모았다. 이상한 나라의 앨리스, 토끼와 거북, 아기돼지 삼형제 같은 고전과 뮬란, 몬스터 주식회사, 정글북, 포카혼타스, 벅스 라이프와 같이 애니메이션에서 가져온 이야기가 더해졌다. 글줄이 꽤 많아서 7세부터 읽기에 적당하다. 60권.

7 　　　　　　　　　　　　《디즈니 골든 명작 플러스》 | **블루앤트리** | **전집**

익숙한 디즈니의 주인공들이 등장하는 명작. 백설공주, 피노키오, 신데렐라, 피터팬과 같은 옛이야기에 겨울왕국, 라푼젤, 주토피아, 인사이드 아웃 등의 최신작이 추가되었다. 한때 계몽사의 《디즈니 그림 명작》 초판본이 인기를 끌던 것처럼 엄마들이 추억에 잠겨 산다는 후기가 많다. 65권.

과학 그림책
☑ 일상에서의 경험을 읽으며
호기심을 해결한다

5~7세 아이들은 궁금한 것이 많다. 질문도 자주 한다. 말끝마다 "왜?", "왜 그런 거야?"라고 부모에게 묻는다. 이러한 호기심에 답해주는 책이 과학 그림책이다. 첫 지식책이나 과학 동화라고도 부른다.

아이의 궁금증은 대부분 '일상'에서 비롯된다. 놀이터에서 아이가 놀 때를 생각해보자. 잡기 놀이를 하면 땀이 나고 숨이 차며, 넘어지면 피가 난다. 막대기로 땅을 파헤치니 벌레가 나오고 돌멩이나 비비탄도 나온다. 발굴하듯 탐색한다. 한참 놀다가 오후가 되어 집에 갈 때면 긴 그림자가 생긴다.

이처럼 아이가 놀이터에서 노는 시간만 살펴봐도 과학 그림책

한 세트가 나온다. 땅, 인체, 그림자, 흙, 땅속 벌레, 돌멩이, 낮과 밤 등 아이를 둘러싼 모든 것이 과학 그림책의 주제다. 아직 아이들은 자기를 둘러싼 것들이 무엇이고, 그것이 어떻게 연결되는지 정확히 모른다. 그렇기 때문에 이러한 내용을 쉽게 설명해주는 책을 만나면 재미있다. 가령 유치원 시기에는 다음과 같은 주제가 흥미롭다.

> **몸** 똥, 오줌, 땀, 손, 뼈, 충치, 감기, 세균 등
>
> **좋아하는 것** 공룡, 자동차, 소방차, 중장비차, 기차, 바퀴, 로봇, 공 등
>
> **환경** 날씨, 그림자, 비, 구름, 눈, 흙, 해와 달, 낮과 밤 등

'무엇을 읽을까'에 대한 뚜렷한 기준은 다음과 같다.

① 아이가 좋아하는 것인가
② 생활 속에서 자주 접하는가
③ 아이와 관련이 있는가

아이가 자동차를 좋아하면 자동차나 바퀴책을, 그림자를 보고 신기해하면 그림자책을, 여행을 간다면 공항과 비행기책을, 감기에 걸렸다면 생활 습관이나 손 씻기책을 읽는다.

5~7세 아이들이 호기심을 보이는 주제가 바로 '몸'이다. 똥 싸기에서 콧구멍 후비기까지, 이제 아이는 몸을 꽤 자유롭게 움직이는 동시에 몇 가지 행위를 몇 번이고 반복한다. 가령 과학 그림책의 대세 주제인 '똥'은 어떤가. 아이는 매일 똥을 싸고 모양을 보고 냄새를 맡는다. 때때마다 똥 색깔이나 형태가 변하니, 흥미로울 수밖에 없다. 한창 항문에 힘주는 아이에게 『누가 내 머리에 똥 쌌어?』 그림책을 읽어준다고 하자. 자기 머리 위에 똥 싼 범인을 찾는 이야기를 통해 ① 동물은 다 똥을 싸는구나, ② 동물마다 똥의 모양이 다르구나, ③ 내 똥은 어떤 모양이지? 생각한다. 자기 몸에서 나온 똥으로 세상을 이해한다.

여러 대상을 엮어서 하나의 개념을 설명하는 구성도 좋다. 그림책 『우리 몸의 구멍』은 세상에 얼마나 많은 구멍이 있는지 보여주면서 '구멍의 개념'을 이해시킨다. 몸에는 귓구멍과 콧구멍이 있고, 욕실 샤워기 헤드에도 크고 작은 구멍이 있지 않은가. 아이는 '구멍'을 통해 생각을 확장한다. 내가 후비는 콧구멍과 샤워기 구멍의 공통점을 생각한다.

바깥 활동이 잦은 남자아이에게는 직접 경험한 주제가 가장 흥미롭다. '이거, 내가 본 건데!', '오늘 놀이터에서 해본 거야' 생각하면서 책에 집중한다. 거창하게 외국에 나가서 신문물을 보라는 이야기가 아니다. 생활 범위인 동네에서 이것저것 체험하라는 뜻이다. 비가 오면 우산을 쓰고 걷다가 지렁이도 관찰하고, 가을이면 공원이나 뒷산에 올라가 도토리도 주워보는, 지극히 일상적인 하루하루가 쌓여 아이의 과학적 호기심이 큰다.

•Add•

과학 그림책 선택의 기준

2~3년간 보면 충분하다

개념이 서로 연결되는 과학책의 특성상 전집이나 시리즈를 사는 게 효율적이다. 단, 범위를 너무 넓게 잡지 않는다. 2~3년간 보기에 좋은 내용이 담겼다면 충분하다. 개념 범위가 너무 넓으면(어려운 교과 개념까지 담겨 있다면) 살 때는 마음이 뿌듯해도 정작 실용성에서는 떨어진다. 어차피 아이가 초등에 들어가면 글줄이 많은 읽기책으로 갈아탄다.

어려운 과학 용어는 필요 없다

5~7세가 읽는 과학 그림책에는 어려운 개념 용어가 필요 없다. 물질, 관성, 마찰, 중력 등 과학적 개념어는 대부분 한자어인 탓에 아이가 읽어도 무슨 뜻인지 모른다. 엄마가 보기에는 어려운 용어가 좀 나와야 교과 연계도 되고 내용이 알차게 느껴지지만, 아이에게는 별 의미가 없다. 과학적 원리를 최대한 쉬운 말과 재밌는 이야기로 풀어주는 책이 최고다.

관련된 동영상을 참고한다

주제와 관련된 동영상은 언제나 훌륭한 참고 자료다. 초등학교에 갈 무렵 "지구는 얼마나 커? 달은?"이라고 아이가 물어본 적이 있다. 글과 사진으로 설명된 책도 좋지만, 유튜브에서 '태양계 행성 크기 비교' 영상을 본다면 어떨까. 우리 아이는 입을 떡 벌리고 시각적 비교에 감탄했다.

궁금증 풀어주는 과학 그림책 시리즈와 전집

1 　《내 친구 과학공룡》 | 그레이트북스 | 전집

아기자기한 그림과 선명한 색깔, 공감되는 내용이 가득해 첫 과학책으로 좋다. 내 몸과 주변 물건, 자연에 대한 호기심을 키워주는 내용이 많다. 과학 놀이와 실험 세트가 부록이다. 53권.

2 　《물 아저씨 과학 그림책》 | 아고스티노 트라이니 | 예림당 | 시리즈

형태가 바뀌는 물은 아이가 논리력을 높이는 데 가장 좋은 대상. 물 아저씨를 통해 세계를 여행하고 자연 속에서 과학을 이해하는 내용으로 채워졌다. 내용과 관련하여 만들기 페이지가 있다. 18권.

3 　《과학탐험대 신기한 스쿨버스》
조애너 콜 글·브루스 디건 그림 | 비룡소 | 시리즈

엉뚱한 선생님과 반 아이들이 마법의 스쿨버스를 타고 모험하는 이야기다. 암석, 전기, 공룡, 꿀벌, 세계 등 주제는 약간 어렵지만, 워낙 이야기가 재미있어 아이들이 잘 본다. 작가가 해당 분야를 조사하고 전문가에게 감수받은 만큼 내용도 알차다. 11권.

4 　　　　　　　　　《길벗어린이 과학그림책》| 길벗어린이 | 시리즈

과학과 자연에 대한 주제가 두루 섞여 있다. 특히 『우리 몸의 구멍』, 『그림자는 내 친구』, 『살았니? 죽었니? 살았다!』가 아이들의 호기심을 한껏 자극한다. 12권.

5 　　　　　　　　　　　《과학은 내 친구》| 한림출판사 | 시리즈

야규 겐이치로를 비롯해 일본 작가의 과학 그림책을 모아서 시리즈로 출간했다. 단행본의 모임인 만큼 이야기가 재미있다. 콧구멍, 뼈, 상처, 피부, 발바닥, 똥 등 몸에 대한 주제가 많다. 34권.

6 　　　　　　　　　　《알파짱 과학동화》| 누리출판사 | 전집

동식물과 인체, 물체와 물질, 자연환경, 도구와 기계 등에 대한 개념을 재미있는 이야기에 담았다. 6,7세부터 초등 저학년까지 읽기에 좋다. 가성비를 생각한다면 구판인 이수출판사의 《오렌지 과학동화》를 사도 괜찮다. 62권.

수학 그림책
☑ 이야기를 따라가며 논리력을 키운다

과학 그림책이 사고력을 키워준다면 수학 그림책은 논리력을 키워준다. 5~7세 아이들의 배움은 언제나 일상에서 싹튼다. 특별히 인지하지 못할 뿐, 아이의 일상생활에는 이미 수학 개념이 쏙 들어와 있다. 바로 이런 순간들이다.

"엄마, 내가 숫자 누를 거야." (승강기에서 층수를 누르려면 숫자를 알아야 한다.)

"우리 집에 공룡 장난감 10개 있다." (친구에게 장난감을 자랑하려면 수를 세야 한다.)

"너 2개, 나 2개 먹자." (과자를 나눠 먹으려면 가르기를 해야 한다.)

"공룡은 빨간 상자에, 자동차는 노란 상자에 넣자." (장난감을 정리하려면 물건을 분류해야 한다.)

"짧은바늘이 9에 있을 때 나가는 거야?" (유치원에 시간 맞춰 가려면 시계를 봐야 한다.)

"엄마, 500원 주세요." (뽑기 기계에 동전을 넣으려면 돈을 알아야 한다.)

"이 길에서 오른쪽으로 가야 해." (집에 제대로 찾아가려면 방향을 배워야 한다.)

📖 구체물은 수학 그림책의 짝꿍이다

아이들이 수학을 싫어하는 이유는 추상적 개념이기 때문이다. '추상적' 개념이란 사람들 사이의 약속이다. 눈으로 볼 수도, 만질 수도 없는 개념을 떠올려 계산해야 하니 당연히 어렵다. 추상적 사고를 잘하려면 구체물로 개념을 충분히 접해야 한다. 눈앞에 과자 10개를 두고 숫자 1부터 10까지 세봐야 나중에 머릿속으로 수 세기가 가능하다. 사탕 4개를 놓고 2개씩 나누었다가 다시 합해야지 2+2를 쉽게 이해한다. 왜 아이들은 숫자를 배우고도 한참 동안은 손가락으로 셈을 하지 않나.

만약 마음이 조급한 부모가 구체물을 싹 치우고 "머리로 생각해 봐"라고 강요한다면 어떨까. 아들은 무엇인가 어렵게 느껴지면 점점 싫어하고 외면하다가 결국 포기한다. 즉, 논리적 사고에는 언제나 구체물이라는 '징검다리'가 필요하다. 옆집에서 물려받은 구성이 허술한 도형 세트부터 아이들이 좋아하는 새콤달콤이나 빼빼로까지, 모두 훌륭한 수학 교구다.

🔖 반복이 중요하다

아이들은 추상적 사고력이 약해서 수학 개념을 단번에 깨닫지 못한다. 날 잡아서 아이를 앉혀놓고 수학 개념을 강의한다 해도 별 효과가 없다. 생활 속에서 꾸준히 접하면서 이해해야 한다. 아이들이 가장 어려워하는 '시계 보기'를 생각해보자. 시계 보기는 공부처럼 익히면 남자아이들이 서둘러 도망치는 내용이다. 시간을 나누어 생각하기도 어려운데, 심지어 같은 숫자를 읽는 방식이 상황에 따라 다르다. 숫자 '1'에 짧은바늘이 가면 '한 시'라고 읽지만 긴바늘이 가면 '오 분'이라고 읽는다.

이때 우리에게 필요한 것은 숫자가 커다랗게 쓰인 원형 시계다. 가장 잘 보이는 벽에 시계를 걸어두고 하루에 2번씩 반복해서 말한다. "짧은바늘이 9에 있네, 아홉 시다. 이제 유치원에 가야겠다.", "짧은바늘이 6에 있네, 여섯 시다. 저녁 먹을 시간이야." 이러한 일상이 반복되면 아이는 9시와 6시를 공부가 아니라 생활로 익힌다.

이처럼 아이가 추상적 개념을 익히기 위해서는 매일 똑같은 개념을 구체물로 이해하며 그것을 반복해야 한다. 일일이 적어놓지 않아서 그렇지, 아이가 숫자를 알기까지 우리가 얼마나 손가락을 펴가며 외쳤던가. "일, 이, 삼."

📖 재미있는 줄거리가 최고다

수학 동화와 같이 전달할 지식이 뚜렷한 책일수록 기본 줄거리가 중요하다. 어차피 들어갈 내용은 책마다 비슷비슷하기에 구성에서 이야기의 재미가 갈린다. 보통 지식책들은 보편적이고 형식적인 이야기에 지식 내용을 끼워 넣는다. 유명한 옛이야기를 기본 틀로 이용하거나 아이들이 좋아하는 마법이나 과자 가게 등을 소재로 삼는다. 당연히 아이가 책을 읽다가 이런 소리를 내뱉는다. "엄마, 이거 어떻게 될지 알겠어.", "이야기가 재미없어."

지식 그림책을 자주 읽으면 어디서 본 듯한 비슷한 이야기가 눈에 걸린다. 아이가 책을 읽는 이유는 간단하다. 이야기가 재미있어서 책장을 넘기지, 숫자를 배우려고 읽지 않는다. 재미있는 이야기를 읽는 사이에 자신도 모르게 수학 개념을 이해하는 과정이 가장 좋다.

초등학교에 입학하기 전에 수학 개념은 다 훑고 가야지, 생각하는 엄마들이 많다. 수학 전집에 40가지 개념이 있다면 '최소한' 이건 다 이해하고 가야지, 다짐한다. 하지만 수학 전집이나 시리즈에서 다루는 수학의 '범위'는 수 세기부터 간단한 분수까지로, 생각보다 넓다. (대개 초등 저학년까지의 개념을 다룹니다.). 유아 시기에 이 내용을 다 알아야 한다는 생각부터가 착각이다. 5~7세에는 수 세기, 가르기와 모으기, 도형(모양), 규칙 등만 알면 된다. 시계 보기는 '짧은바늘'이 어디에 있을 때 몇 시인지 정도만 알면 충분하다. 1학년 2학기에 '몇 시', '30분' 개념을 익히니, 지금 모른다고 초조해하지 않는다.

·Add·

유치원 시기에 딱 좋은 수학 교구

사탕과 과자

숫자를 배울 때, 가르기와 모으기를 배울 때, 가장 고마운 대상은 사탕이나 과자다. 빼빼로로 가르기와 모으기를 하거나, 고래밥에서 오징어를 골라 10개를 채우거나, 막대 사탕 2개에 2개를 더하다 입에 넣는다면 이보다 효과적인 교구는 없을 것이다.

가베

한때 유아 교육 시장을 휩쓸었던 가베(은물)는 삼각형, 사각형, 마름모, 원 등의 도형을 익힐 수 있어 유용하다. 간단한 수 세기부터 사람이나 동물의 형태를 조합하기에 좋다. 구성이 좀 빠진 저렴한 중고도 사용하기에 괜찮다.

레고

남자아이가 레고에 푹 빠질 때가 유치원 시기다. 때맞춰 사거나 선물로 받은 레고가 집마다 가득하다. 레고 조립은 입체적인 형태를 이해하기에 좋다. 특히 수학 교과서에서 도형을 쌓아 이리저리 돌려보는 단원을 배울 때 도움이 된다. 중고 사이트에서 '레고 정크'를 검색하면 조립하고 부순 조각들을 싸게 판다.

재미있는 수학 그림책 단행본, 시리즈, 전집

☐1 『괜찮아 아저씨』 | 김경희 | 비룡소

"괜찮은데?"를 말하며 열 가닥 남은 머리카락을 이리저리 꾸미는 아저씨를 보면서 수 개념을 자연스럽게 흡수한다. 비룡소 캐릭터 그림책상 대상 수상작.

☐2 《100층짜리 집》 | 이와이 도시오 | 북뱅크 | 시리즈

유아 그림책에서 꽤 오랫동안 사랑받고 있는 '100층' 그림책. 재미있게 숫자 100까지 세기에 좋다. 층을 오를 때마다 각기 다른 동물을 만날 수 있는 데다 그들의 이야기가 재치있게 그려져 있다. 책이 인기를 얻으면서 하늘, 바다, 지하, 숲속이 나왔다. 5권.

☐3 《내 친구 수학공룡》 | 그레이트북스 | 전집

재미있는 이야기 속에 유치원 시기에 알아야 할 수학 개념을 담았다. 아이가 손으로 만져보고 직접 체험할 수 있는 놀이 도구가 포함된 것이 특징이다. 42권.

《공룡대발이 수학동화》| 반디단비 | 봄이아트북스 | 전집

공룡 캐릭터들이 등장해서 기본적인 수학 개념을 알려준다. 공룡 캐릭터로 아이들의 호기심을 이끄는 데다 이야기식이라서 더 재미있게 본다. 유치원 시기에는 2,3단계가 보기에 적당하다. 56권.

---

5 《456 수학동화》| 미래엔아이세움 | 시리즈

수 세기, 묶어 세기, 덧셈과 뺄셈, 물건값, 도형, 규칙, 분류, 측정, 시간 등의 수학 개념을 고루 담았다. '나는 단행본이에요'라고 증명하듯 기본 이야기 구성이 재미있다. 시기에 맞춰 한두 권씩 보기에 좋다. 12권.

---

6 《네버랜드 수학그림책》| 시공주니어 | 시리즈

수, 도형, 분류, 비교, 규칙, 덧셈과 뺄셈, 시계 보기 등 10가지 수학적 개념을 담았다. 이야기와 그림, 개념이 잘 어우러져서 재미있게 볼 수 있다. 10권.

---

7 《수담뿍 수학동화》| 한국몬테소리 | 전집

슈퍼 지렁이, 용감한 장난감 친구들 등 흥미로운 이야기에 수 개념을 엮었다. 쉬운 개념책은 4살부터 보기에 좋고, 연산책은 6살부터 보기에 적당하다. 중고로 산다면 선 긋기, 숫자 쓰기책은 없어도 상관없다. 55권.

---

8 《알파짱 수학동화》| 누리출판사 | 전집

그림도 깔끔하고 수학적 개념을 다양하게 다뤄서 인기가 많다. 이수출판사의 《사탕수수》로 팔리다 누리출판사에서 개정판을 출간했다. 50권.

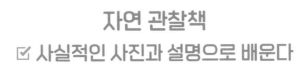

자연 관찰책
☑ 사실적인 사진과 설명으로 배운다

자연 관찰은 아이의 시선이 머무는 곳에서 시작된다. 유아 시기에는 아이의 키를 넘지 않는 대상, 이를테면 줄지어 땅 위를 기어가는 개미, 비 온 뒤에 출몰하는 지렁이, 건드리면 몸을 동그랗게 마는 공벌레, 꽃 위에 앉은 나비, 거미줄 치는 거미, 바람 불기 장난감인 민들레 홀씨 등이 최고의 관찰 대상이다. 바깥 활동이 잦고 관찰 시간이 늘었다면 아이가 자연 관찰책을 잘 읽을 나이다.

자연 관찰책

동물과 식물에 대한 정보를 사진(그림)과 글로 설명하는 책.

📖 남자아이는 '센' 동물을 좋아한다

자연 관찰책은 남자아이가 여자아이보다 더 재미있게 본다. 잔인하고 사실적이어서 거북스러운 사진도 남자아이들은 호기심을 갖고 집중해서 본다. "엄마, 사마귀가 곤충 머리를 먹고 있어.", "곰이 생각보다 힘이 엄청나게 세네."

왜 남자아이는 상대적으로 자연 관찰책을 잘 볼까? 힘이 센 대상을 동경하는 아들의 특성을 생각하면 먹고 먹히는 관계가 흥미롭고, 그것을 뒷받침하는 사실적인 사진이 많기 때문이다. (상대적으로 글은 별로 없으니까요.) 특히 덩치가 크고 힘이 세며 공격 무기가 독특한 대상을 좋아한다. 80권짜리 자연 관찰책이 책장에 있다면, 공룡, 사마귀, 사자, 악어, 호랑이 편을 꺼내 읽지, 나무와 꽃 편부터 보지 않는다.

아들이 초등학교에 가면 동물들의 승패에 유독 관심을 둔다. 먹이 사슬의 연장선인 듯, 누가 싸움의 승자가 되는지 궁금해한다. 예를 들어 유아 시기에는 동물들의 특성이 설명된 자연 관찰책을 보지만, 초등 시기에는 동물들이 싸우는《최강 동물왕》같은 대결 책을 좋아한다. (동물이나 곤충이 싸워 마지막 승자를 가리는 내용인데, 남자아이들의 호응에 힘입어 『최강 동물왕 : 왕중왕전』까지 나왔습니다.) 엄마들은 이런 책을 왜 사는지 모르겠다며 손사래를 치지만, 아들은 동물이든 곤충이든 힘겨루기를 좋아한다.

📖 공룡만 잘 봐도 본전은 뽑는다

5~7세 자연 관찰책에 빠지지 않는 주인공이 '공룡'이다. 너덧 살부터 시작해 유아 시기 내내 공룡에 빠진 아이들이 많다. 가정마다 공룡 장난감이나 인형이 가득하고 책마다 공룡 캐릭터가 나와 아이들의 관심을 끈다.

공룡은 단순히 덩치가 크고 힘이 센 동물이 아니다. 먹이에 따라 초식과 육식 공룡으로 나뉘고, 공격 무기에 따라 싸우는 방식이 각기 다르다. 수많은 공룡을 구분하고 특징을 이해하는 것만으로도 논리적 사고가 한껏 발달한다. 게다가 공룡은 이미 지구상에서 사라진 존재다. 지구에서 공룡이 멸종된 이유를 생각하는 과정은 나이에 비해 꽤 어려운 추상적 사고에 속한다.

아이들은 무엇을 '좋아하면' 자주 보고 깊이 생각한다. 공룡이 아들의 마음을 사로잡았다면 공룡으로 사고력을 최대한 기른다. 예닐곱 아이가 수많은 공룡의 이름을 외우고 종류별로 공격 무기까지 섭렵하는 모습을 보시라. 아이 두뇌는 그야말로 풀가동 중, 이런 기회는 자주 오지 않는다.

📖 '더불어' 읽는 책이다

자연 관찰책은 동식물에 대한 지식을 사진과 글로 알려준다. 주인공이 모험을 떠나지도 않고 마법을 부리지도 않는다. 아이가 주인공인 동식물에 특별한 관심이 없다면 손을 대지 않는다. 즉, 자기가 좋아하는 동식물은 책 모서리가 닳도록 보지만, 그렇지 않은 책은 눈길도 주지 않는다.

유달리 좋아하는 동식물을 제외하면, 대부분의 자연 관찰책은 '더불어' 보는 존재다. 아이가 동물원에 가서 호랑이를 봤다면 집에 와서 자연 관찰책 호랑이 편을 펼친다. 호랑이가 어디에 살고 무엇을 먹는지 이해한다. 마이클 로젠의『곰 사냥을 떠나자』를 반복해서 보는 아이가 있다면 슬며시 곰에 대한 자연 관찰책을 옆에 놓는다. 동굴에서 겨울잠을 자며 꿀을 좋아하는 곰의 특성을 깨닫는다. 자연 관찰책은 아이 일상에 동식물이 쑥 들어오는 순간, 더불어 읽으면 충분하다.

📖 직접 경험이 확장 읽기의 키포인트다

아이가 자연 관찰책을 두루두루 봤으면 좋겠다고? 아이에게 다양한 경험을 제공하는 것이 먼저다. 사과책에 관심을 가지려면 사과를 먹어봐야 하고, 나무에 흥미를 보이려면 숲길을 걸어봐야 한다. 다람쥐책을 보려면 산에서 도토리를 주워봐야 한다. 아이의 경험치에 비례해 관심이 가는 주제가 늘어난다는 이야기다.

유치원 시기는 가족끼리 나들이 갈 일이 많다. 동물원에도 가고, 숲 체험도 가고, 가족 캠핑도 간다. 이때 다양한 동식물을 최대한 접하면 좋다. 보고 만지고 느껴야 한다.

자연 관찰책을 고르는 기준

기본 내용에 충실한가

5~7세에 보는 자연 관찰책은 사진과 정보가 어우러져야 한다. 아이의 배경지식이 늘어나면서 자연 관찰책을 읽다가 궁금한 부분이 많아진다. 동물의 한살이, 먹이와 천적, 짝짓기 등 기본 내용에 충실한 책이 좋다.

아이의 호기심을 자극하나

자연 관찰책은 아이의 호기심을 자극하는 구성이 좋다. 지식만 나열된 책은 어른들 보기에는 좋아도 아이가 보기에는 영 재미가 없다. 동물 얼굴이 툭 튀어나오거나, 커다란 몸이 쫙 펼쳐지거나, 꽃에서 냄새가 난다면 더할 나위 없이 좋다. 최근 출간된 책일수록 구성이 다양하다.

10년 된 책도 괜찮다

가성비만 따진다면 예전에 나온 자연 관찰책도 괜찮다. 유아 시기에 읽는 자연 관찰책의 내용은 별 차이가 없다. 중고로 사면 헐값에 50권, 70권을 살 수 있으니 부담 없이 읽는다. 단, 오래된 책일수록 내용이 평면적이라 자연을 체험하면서 호기심을 끌어낸다.

[1]   《진짜 진짜 재밌는 그림책》| 라이카미 | 시리즈

보통 '진짜 진짜 재밌는' 시리즈로 불린다. 아이들이 가장 좋아하는 공룡을 비롯해 곤충, 파충류, 거미, 인체 등 과학과 자연 관찰을 어우르는 주제가 많다. 무엇보다 관련 주제를 생생한 일러스트로 담아 초등까지 보기에 좋다. 18권.

---

[2] 『세밀화로 그린 보리 어린이 동물 도감』| 남상호 외 글·권혁도 외 그림 | 보리

초등학교 과정에서 뽑은 160가지 동물의 이야기를 세밀화로 담았다. 글줄이 꽤 있어서, 지금은 엄마가 읽어주다가 초등에 들어가서 혼자 읽기에 좋다. 한 번에 쭉 읽는 책이 아니라 궁금할 때마다 찾아보는 책이다. 나비, 동물 흔적, 민물고기, 새, 양서 파충류 등 《세밀화로 그린 보리 어린이 도감》 시리즈도 있다.

---

[3]   『National Geographic 공룡대백과All About Dinosaurs』
지우세페 브릴란테, 안나 세사 글·로망 가르시아 모라 그림 | 봄봄스쿨

내셔널 지오그래픽에서 내놓은 공룡책. 그림이 생동감 넘치고 역동적인데다 공룡에 대한 정보를 풍성하게 담았다. 글줄이 꽤 있어서 유아 시기에는 사진을 중심으로 본다.

4 『신기한 똥 도감』 | 나카노 히로미 글·후쿠다 도요후미 그림 | 진선아이

86종 동물들의 똥을 담은 독특한 도감이다. 동물마다 재미있는 똥 싸기 방법과 똥의 모습, 특징을 알려준다. 웃긴 장면이 많아서 아이들이 보기에 재미있다.

---

5 《자연이 소곤소곤》 | 교원 | 전집

아이들의 호기심을 이끌기 위한 장치가 곳곳에 있다. 투명 필름지를 넘기면 그림이 움직이는 것처럼 보이거나 플랩북의 형태로 들춰 보기가 가능하다. 또 뒷장에 스티커를 붙이는 부분을 넣었다. 딱딱하지 않은 이야기에 지식을 덧대어 서너 살부터 보기에 좋다. 66권.

---

6 《탄탄 자연속으로》 | 여원미디어 | 전집

다양한 동물들이 사진 위주로 구성되어 있다. 내용도 꽤 충실하게 담겨 있어서 초등 저학년까지 보기에 좋다. 코끼리, 기린, 타조 3권은 길게 펼쳐지는 와이드북이라 인기가 많다. 101권.

---

7 《동식이랑》 | 한국톨스토이 | 전집

《동식이랑》은 '동물이랑 식물이랑'을 줄여서 만든 이름으로, 곤충, 포유류, 조류, 어류, 꽃과 풀, 열매 등의 종류별 내용을 알차게 담았다. 아이 손으로 잡기 쉬운 꼬마책을 비롯해 병풍책과 도감까지 포함되어 있어 구성이 좋다. 86권.

읽기 독립으로 자연스럽게
넘어가는 47가지 방법

"아이가 5살인데 혼자서 한글을 읽어요."

언젠가부터 맘카페나 SNS에 행복한 증언이 심심찮게 나온다. 남의 집 아이가 한글을 빨리 떼든 말든 무슨 상관이냐 싶겠지만, 현실에서 엄마들은 이웃집과 심리적 끈으로 단단히 연결되어 있다. 5살에 한글을 떼는 아이가 하나둘 늘어날수록 한글을 배우는 평균 연령이 낮아질 테고, 결국 내 아이가 그 범주에 들어야 마음이 놓이니 말이다. 옛날에야 학교 들어가기 직전에 한글을 배웠다지만, 지금은 '빠르면 빠를수록' 좋다는 것이 엄마들의 솔직한 마음이다.

이러한 논쟁에 앞서 우리가 기억할 사실이 있다. '읽기'란 귀로 들은 소리를 추상적인 기호와 연결해 뜻을 이해하는 과정이다. 아직 추상적 사고가 힘든 아이들에게는 꽤 어려운 일이다. 한글 소리를 얼마나 저축했는지, 기호를 조합할 수 있는지, 읽기 의지가 있는지 등이 두루 더해져야 가능하다. 그럼 한글을 배울 '적정 시기'는 언제일까. 아이가 이렇게 행동하는 순간이다.

> 그림책 속 대사를 줄줄 외운다.
> 집 앞 '강아지 가게' 간판을 읽는다.
> 그림책 제목을 손으로 짚으며 읽는다.
> 유치원 신발장에서 (자주 보던) 친구 이름을 쓴다.

이제 아이는 한글을 '배울' 준비가 되었다. 엄마는 한글 자석을 가지고 요리조리 조합해서 '아이', '오이' 등 받침이 없는 쉬운 글자부터 알려준다. 아이가 흥미를 느끼고 따라 한다면 한글을 익힐 시기고, 멍한 눈빛을 보낸다면 아직 시간이 필요하다는 뜻이다.

언어 발달이 다소 늦는 데다 자기 주도성이 강한 아들의 읽기 주도권은 대개 '아이'에게 있다. 엄마가 읽기를 강요하거나 읽기 환경을 강화하면 어떨까. 글에 대한 자극 지수가 높으니 한글을 조금 빨리 깨우칠 수는 있다. 하지만 추상적 사고가 발달하지 못했거나 의지가 없다면 시간이 꽤 든다. 머리가 커서 배우면 6개월이면 끝날 일을, 일찍 시작해서 2년이 걸린다면 무엇이 좋을지 생각해 봐야 한다. 유아 시기 아이들에겐 시간이 황금과 같아서 한글 배우기에 많은 시간과 에너지를 써버리면 정작 다른 곳에서 그만큼을 덜어내야 한다.

읽기 생애에서 본다면 남자아이는 일찍 하기보다 적정 시기에 '잘'하는 편이 낫다. 언어 능력과 환경에 따라 다르지만, 아이들은 6세가 되면 한글에 조금씩 관심을 보이다 7세가 되면 '나도 읽어야지' 생각한다. 머리가 야물어져 추상적 기호에 대한 이해력이 높아진 데다 주변에서 한글에 대한 자극을 많이 받기 때문이다.

> 엄마와 그림책을 보면서 한글 소리를 머릿속에 많이 쌓았다.
> 기호에 대한 이해력이 발달해 자음과 모음을 조합하면서 한글을 배운다.
> 7세가 되면 초등학교 입학을 대비해 유치원에서 쓰기를 조금씩 연습한다.
> 주변 친구들이 하나둘 한글을 읽으니 심리적 자극을 받는다. 여자아이가 쪽지에 글을 써서 친구들에게 보여주는데 나만 못 알아보면 '창피해. 나도 배워야지' 생각한다.

한글은 초등학교에 입학하기 전까지 그림책을 읽고 자기 이름과 간단한 단어를 쓰는 수준이면 괜찮다. 초등학교에서는 1학년 1학기에 한글을 배우고, (한글은 학교에서 가르칩니다. '미리 배우지 마세요'라고 알림을 보내는 학교도 있습니다.) 2학기에 받아쓰기를 연습한다. 그림책을 읽을 수 있다면 학교에 들어가서 한글을 배우며 읽기와 쓰기에 익숙해질 여유가 있다. 친구들과 책도 읽고, 일기도 쓰고, 숙제도 하면서 아이들의 한글 실력은 쑥쑥 자란다.

현실적인 조언을 보태자면 7세 여름 방학에는 한글을 배우는 것이 좋다. 왜 겨울 방학이 아닌 걸까. 아이가 한글을 익혀서 스스로 책을 편하게 읽기까지는 나름의 '적응기'가 필요하다. 막 한글을 배운 아이가 그림책을 읽으면 글자를 읽는 데 에너지를 온통 집중한 나머지 무엇을 읽었는지 모른다. 읽기에 익숙해져 뜻까지 파악하려면 꽤 시간이 필요하다. 실제로 아이가 책을 읽다가 갑자기 이렇게 하소연할 때가 있다. "내가 읽은 부분 좀 다시 읽어주세요. 무슨 얘기인지 모르겠어요."

한글을 막 배우고 학교에 입학했다고 생각해보자. 낯선 학교생활에 적응하는 것도 힘든데 수업 시간에 교과서를 읽고 바로 이해하지 못한다면 아이의 마음이 어떨까. (국어 시간에는 한글을 배우지만 다른 교과목에서는 이미 글을 읽을 수 있다는 전제에서 수업이 진행되기도 합니다.) 학교나 수업에 대한 인상이 좋을 리 없다. 어려워, 지겨워, 힘들어, 생각한다.

아이들은 유능감을 얻는 분야에 에너지를 더 쓰려는 경향이 있다. 1학년 때 책읽기를 잘한 아이가 선생님의 칭찬을 받거나 주변의 지지를 얻어 3학년에도 책읽기에 앞서기 쉽다. 반대로 책읽기를 '겨우' 해내고 학교에 입학했다면 학년이 올라가도 읽기 수준이 낮을 수 있다. 무엇이든 첫 시작이 너무 힘들면 아이들은 재미를 느끼기가 어렵다.

📖 방법 ① 익숙한 그림책이 제일 좋은 교본이다

아이가 가장 좋아하는 책, 수십 번 반복한 책, 이야기를 줄줄 말하는 책이 있다면 이미 한글 소리가 음성 파일로 머릿속에 저장되었다는 의미다. 그림이며 내용도 충분히 흡수했으니, 이때 소리와 글자의 짝을 맞추면 된다. 커다란 제목 글씨부터 손가락으로 하나씩 짚어가며 책을 읽어주면 아이는 소리와 글자를 연결하면서 한글을 익힌다.

아이가 유독 좋아하는 동요도 괜찮은 한글 교본이다. 아이들은 귀가 예민한 데다 리듬과 라임이 들어간 동요에 재미를 느낀다. '상어가족', '우유송', '당근송' 등 아이가 잘 부르는 노래가 있다면 '가사'로 한글을 연습한다. 귀에 익었으니 글자만 페어 맞추면 충분하다.

📖 방법 ② 머리가 야물면 조합 원리로 배운다

아들의 머리가 야물었다면 통글자로 외우기보다는 자음과 모음의 조합 원리로 한글을 가르치면 효과적이다. 통글자는 시간이 오래 걸리지만, 조합 원리로 배우면 두세 달만으로도 충분하다. 시중에 파는 간단한 한글 자석을 사다가 재미있게 한글 맞추기 게임을 한다. 'ㄱ'에 'ㅏ'를 붙여서 '가'가 되고 'ㅗ'를 붙여서 '고'가 되는 원리를 알려준다.

📖 방법 ③ 아들의 흥미를 이용한다

아들이 좋아하는 장난감, 공룡, 레고 이름을 이용하면 한글 배우기가 더욱 재밌다. 단, 대부분 받침이 포함된 외래어가 많아서 기본적인 한글을 배우고 익숙해질 즈음에 적용하면 효과적이다. 받침 없는 글자를 대강 익힌 뒤, 아이가 줄줄 외우는 장난감이나 공룡 이름으로 받침을 배운다. 시중에 나온 《아들의 한글》 시리즈를 참고해도 좋다.

📖 방법 ④ 놀이처럼 배워야 효과적이다

아이에게 한글을 일찍 가르치고 싶다면 엄마의 에너지가 차고 넘쳐야 한다. 아이 주변에 읽기 환경을 가득 채워주고 놀이나 게임을 통해서 글자를 알려준다. 예를 들어 채소의 한 종류인 '가지'를 보여주면서 색깔과 형태를 설명한 뒤에 '가지'라는 글자를 알려준다. 이제 놀이 시간! '가지'라고 쓴 여러 개의 단어장 사이에 '거지'라고 쓴 단어장을 섞은 뒤 그것을 골라내는 식이다. 이때 아이가 못한다고 답답해하거나 잔소리하는 것은 금물. 한글 배우기는 놀이구나, 아이가 느껴야 한다.

이맘때 남들이 이야기하는 "우리 아이는 한글 뗐어요" 자랑에 너무 주눅 들 필요가 없다. 엄마들 사이에서 오가는 '한글 뗐어요', '한글 알아요' 표현에는 '받침이 쉬운 글자를 읽고 간단한 글을 쓰는' 수준을 과장해서 말하는 것이다. 솔직히 말하면 이맘때 아이들은 한글을 떼기가 어렵다. 초등 3,4학년도 여전히 맞춤법을 틀리는데 어찌 6,7세에 한글을 뗄 수 있을까.

한글 쓰기 4가지 원칙

소근육 발달이 먼저다

남자아이는 소근육을 관장하는 소뇌가 늦게 발달하여 가위질이나 글씨 쓰기에 서툰 경향이 있다.[9] 아이가 글씨 쓰기를 힘들어하면 레고를 조립하거나 그림을 그리거나 퍼즐을 맞추면서 소근육을 발달시킨다. 7세가 되면 일부 유치원에서 젓가락 대회(젓가락으로 작은 물건 옮기기)를 하는 것도 소근육을 발달시키기 위해서다.

'바르게' 쓰기가 중요하다

글씨 쓰기는 일찍 시작하기보다 바르게 배워야 한다. 올바른 획순과 방법을 배워야 한다는 이야기다. 'ㅣ'는 위에서 아래로, 'ㅡ'는 왼쪽에서 오른쪽으로, 'ㅇ'은 위에서 반시계 방향으로 쓰는 원칙을 알려준다. 글씨 쓰기를 엉망으로 배우면 나중에 그것을 죄다 고치느라 고생한다.

선을 따라 쓴다

시중에 나와 있는 글씨 쓰기 교본을 이용한다. 실선이나 점선을 따라 쓰는 식인데, 쓰기 획순이 나와 있어 참고하기 좋다. 아이가 싫어하지 않을 만큼만 꾸준히 한다. 『한 권으로 끝내는 한글 떼기』 등이 있다.

글씨 쓰기는 남자아이들이 가장 싫어하는 학습이다. 손에 힘을 주고 똑바로 써야 하는 탓에 엄마가 억지로 시키면 '안 할래' 소리가 터져 나온다. 서둘러 연습시키다 글쓰기에 반감만 사기 쉽다. 효과적인 방법은 학교에서 친구들과 '다 같이' 쓰기를 연습하는 기간을 최대한 공략하는 것. 1학년 2학기에 맞춤법을 배우면서 그림일기나 독서록으로 글씨 쓰기를 자주 연습하니, 이때 부모가 칭찬과 격려를 아끼지 않으면 쓰기 실력이 확 좋아진다.

8,9,10세
초등 읽기 독립기

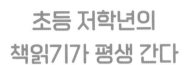

초등 저학년의
책읽기가 평생 간다

아이가 초등학교에 입학했다면 좋은 소식과 나쁜 소식이 동시에 기다리고 있다. 좋은 소식부터 말하자면, 당신의 아이는 '여전히' 찬란한 책읽기 시기를 보내는 중이라는 사실이다. 세상에 대한 호기심이 부쩍 늘어나고 친구나 선생님과 언어적 소통이 활발해지는, 유치원부터 초등 저학년까지가 바로 책읽기 전성기다.

> **5~7세** 그림책 읽기의 전성기인 동시에 한글을 익히는 시기. 책을 즐길 만한 시간 여유가 많다. 유치원이 끝나면 놀이터에서 놀다 간식 먹고 그림책 보는 하루 일정이 여유롭게 돌아간다. 엄마도 '지금은 잘 놀고 책 읽는 게 최고지' 생각하며 책읽기 환경에 집중한다.

8~10세 아이가 스스로 책을 읽으면서 글줄책에 익숙해지는 시기. 글이 많고 줄거리가 복잡한 이야기를 접하면서 읽기 수준이 확 올라간다. 책읽기에 사용할 시간의 총량은 줄었지만, 여전히 책 읽을 시간이 많다. 부모와 선생님의 책읽기 지지가 강하고 아이도 '책은 읽어야 해'라고 생각한다.

책읽기에 제일 좋은 나이를 꼽으라면 5세부터 10세까지다. 한 글을 배워서 읽기 독립을 하고 그림책에서 읽기책으로 넘어가며 글줄이 가득한 책에 입문하는 나이다. 두 시기의 차이라면 아이가 소화하는 글의 양이다. 유치원 시기에는 그림과 글로 이야기를 흡수한다면 초등 저학년에는 거의 글을 통해 줄거리를 이해한다.

특히 저학년 시기에 아이의 읽기 능력은 부쩍 성장한다. 이때 읽기 수준을 한껏 끌어올려야 고학년에 두꺼운 책을 읽다가 중등과 고등에서 복잡하고 어려운 책도 본다. 만약 저학년 때 책읽기를 소홀히 한다면 어떨까. 나중에 재밌는 책이 눈앞에 있어도 읽을 엄두가 나지 않는다. 이야기가 길고 복잡해서 읽기를 주저하거나 포기한다. 책읽기에도 일종의 '읽기 계단'이 있어서 차근차근 올라가지 않으면 다음 단계로 넘어가기 어렵다. 시간 여유가 넉넉한 지금, 읽기에 집중한다.

이번에는 나쁜 소식이다. 이토록 중요한 시기에 가가호호 둘러보면 책읽기가 옵션인 경우가 많다. 부모는 막연하게 책읽기가 중요하다고 생각하지, 정작 그것을 1순위에 올려놓지 않는다. 눈앞에 가야 할 영어 학원이 있고, 풀어야 할 수학 학습지가 있으면 책 읽기 순번은 자동으로 '다음'으로 밀린다. 나중에는 책이 순번에 있었나, 기억까지 가물가물해진다.

언제부터 아이들은 책과 멀어질까. '저 아이는 정말 공부를 안 하네' 싶은 아이도 초등 2학년 겨울 방학부터 학원에 등록한다. 3학년부터 정식 교과에 영어가 등장하고 수학에 분수가 나오면서 아이를 놀게 하던 엄마들도 '이제 공부 좀 시켜야지' 다짐한다. 학교와 학원 일정을 끝내고 숙제하고 밥 먹기에도 아이들의 하루는 짧다. 일상이 바쁘면 아들은 공부하다 쉬는 틈에 게임을 하지, 책을 잡지는 않는다. 엄마도 학원에 치이는 아이가 안쓰러워 게임을 대폭 허용해준다. 학원에 다녀왔으니까, 숙제를 다 했으니까 게임을 포상으로 내린다.

언뜻 육아가 끝이 없어 보여도 부모가 아이에게 환경을 제공하는 시기는 거의 정해져 있다. 다행히도 당신의 아이는 아직 부모의 테두리 안에 있다. 아이가 집안 분위기에 좌우되는 동시에 보호자의 말을 따르는 나이다. 책읽기는 습관과 환경의 결과물이라서 주변에 재미있는 책이 있고 부모가 책을 읽는다면 아이는 책을 읽을 수밖에 없다.

초등 4,5학년부터 아들은 사춘기 언저리에 접어드는 바, 어떤 환경이든 그곳을 벗어나려고 한다. 아무리 부모가 좋은 환경을 제공해도 크게 영향을 받지 않거나 아예 청개구리처럼 반대로 행동한다. 보들보들 곰인형이었던 아들이 미간을 찌푸리며 '어린이도 청소년도 아닌' 존재로 바뀌어 있다. 뒤늦게라도 책 좀 읽혀봐야지, 결심한 엄마들이 그것이 쉽지 않음을 깨닫는 이유다.

아이가 (읽기 독립을 하고) 책을 즐기는 시기는 놀이터에서 뛰노는 시기만큼이나 길지 않다. 요즘 엄마들은 다들 마음이 바쁘고 아이들은 생각보다 할 일이 많다. '아들이 책을 잘 읽었으면 좋겠다'라고 바란다면 먼저 충분히 시간을 줘야 한다. 지금 기억할 것은 딱 하나다.

초등 저학년까지가 책읽기의 전성기다.

•Add•

책읽기 시간을 확보하는 방법

순번을 정한다

유치원과 학교에서 보내는 고정 시간을 제외하면 놀이터에서 놀기와 책읽기가 먼저다. 영어나 수학, 학습지 등을 우선순위에 두면 책읽기 시간은 조금씩 밀리다 아예 사라진다는 사실을 기억하자.

일정한 시간에 책을 읽는다

하루 중 아이의 기분이 좋은 시간에 책읽기를 붙박이처럼 정해놓는다. 이리저리 옮기면 나중에는 그게 '언제였지?' 생각하다 아예 까먹는다.

아침 시간을 이용한다

등교하기 전, 30분 남짓 아침 독서를 한다. 일찍 일어나는 습관을 들일 수 있는 데다 책읽기로 자연스럽게 두뇌를 깨울 수 있다. 초등 저학년에는 수업 시간 전에 책읽기 시간을 배치한 학교가 많아, 읽던 책을 이어서 볼 수도 있다.

읽기 시간은 여유롭게 준다

아이가 책 세상에 빠지기 위해서는 최소한의 시간이 필요하다. 책장을 펼치고 머릿속 상상 공장을 가동해 그 속에서 놀 여유가 필요하다.

8~10세 아들의 인생책, 여기에서 나온다

> 알아서 책장을 넘긴다. ▸ 자기 주도 읽기를 한다.
>
> 낯선 단어가 나오면 문맥상 뜻을 추측한다. ▸ 낯선 단어를 유추한다.
>
> 긴 이야기도 잘 읽는다. ▸ 초등 3,4학년에 두꺼운 책으로 넘어간다.
>
> 다른 책을 찾는다. ▸ 읽기 확장이 가능하다.

아이가 책읽기를 꾸준히 실천하면 앞의 덕목이 세트 구성처럼 딸려온다. 재미있게 책을 읽었을 뿐인데 문해력, 이해력, 유추 능력이 동시에 올라간다. 남자아이에겐 가장 효율적인 공부 방식이다. 엄마는 아들이 어떤 이야기에 빠지는지 관찰하면 충분하다. 자, 초등 저학년 남자아이는 주로 이런 책에 빠져든다.

📖 상상을 자극하는 '판타지책'

초등 저학년에 자주 접하는 책이 상상의 세계나 과거로 모험을 떠나는 이야기다. 한번이 낯설지, 다음부터는 일상처럼 모험을 떠났다가 "저녁 먹어야지"라는 엄마 목소리가 울릴 즈음 집에 돌아온다. 아이들은 판타지 이야기 속에서 무엇이든 할 수 있고, 어디든지 갈 수 있으며, 현실과 달리 '대단한' 존재로서 악당과 싸워서 이긴다. 맞다, 초등 저학년 아이들에게 대리 만족이 가능한 판타지 이야기는 심리적 탈출구와 같다.

실제로 학교에 입학한 아이들은 규칙과 규율 속에서 빡빡한 하루 일정을 소화한다. '학교 가기 싫어' 생각하며 답답해한다. 세계적 베스트셀러인 《윔피키드 Diary of a Whimpy Kid》 9번째 책의 첫 장은 이렇게 시작된다. '어린이로 살면서 내가 깨달은 게 하나 있다면, 그건 바로 내 마음대로 결정할 수 있는 게 없다는 사실이다.'

📖 전래 동화의 친구 '그리스 로마 신화'

전래와 명작의 극적 이야기에 재미를 느꼈던 아이들은 이제 '한 수 위가 있었군' 생각하며 '그리스 로마 신화'에 풍덩 뛰어든다. 아무리 세계가 하나의 문화권이 되었다지만 제우스, 헤라, 디오니소스 등 낯선 인물들이 등장하는 서양 신화에 아이들이 빠지는 이유는 무엇일까.

우리 아들이 처음으로 '그리스 로마 신화'에 빠진 곳은 피아노 학원이었다. 대기 시간에 보라고 책장에 꽂아둔 만화책을 보고 나서 새로운 세상에 눈을 떴다. 살펴보니 전래 동화 뺨치는 내용이 가득했다. 제우스가 바람을 피워서 아이를 낳지 않나, 금기된 항아리를 열어보는 판도라가 나오지 않나, 죽은 아내를 찾아 지하 세계로 갔다가 돌이 되지 않나… 정말이지 자극적인 이야기가 가득했다. (사실 더 심한 이야기도 많습니다.) 옛이야기나 신화는 모두 입말 이야기다. 사람을 거칠수록 이야기가 극적으로 각색되다 보니 재미지수가 높다.

아이들이 '그리스 로마 신화'를 읽는 이유는 서양 문화에 깊이 스며든 '유명한 이야기'이기 때문이다. 동양에서 태어난 우리조차 "판도라의 상자가 열렸네"라고 말하지 않나. 만화《그리스 로마 신화》를 가볍게 읽다가 초등에 들어가서 《올림포스 가디언》을 많이들 본다.

📖 책장이 마구 넘어가는 '미스터리책'

말이 미스터리지, 주인공이 범인을 찾거나 문제를 풀어가는 식이다. 아이들의 흥미를 돋우기 위해 이야기 중간에 미로나 퀴즈가 들어간 구성이 많다. 대표적인 작품으로 《추리 천재 엉덩이 탐정》, 《천하무적 개냥이 수사대》, 《탐정왕 미스터 펭귄Mr. Penguin and the Lost Treasure》 시리즈가 꼽힌다. 재미 반 미스터리 반인 책들이다. 초등 3, 4학년이 되면 본격 수사물로 넘어가 《어린이 과학 형사대 CSI》, 《단서를 찾아라!》 등을 읽는다.

탐정물은 '볼 때는 재미있지만 남는 것이 없다'는 선입견이 있다. 웬걸, 아이가 알아서 재미있게 책장을 넘기니 이만큼 고마운 존재가 없다. 책 싫어요, 손사래를 치는 아이들도 뒷이야기가 궁금하니 잘 읽는다. 다만 정서 나이를 넘어선 책을 굳이 앞당겨 읽지는 않는다. 죽음이나 살인에 공포를 느끼는 아이들은 무서운 책을 읽은 뒤에 화장실을 못 가거나 혼자 있지 못하는 부작용이 생긴다. 학교에서는 1학년부터 범죄 예방을 위해 끔찍한 아동 범죄 뉴스를 가감 없이 설명해주는데, 앞에서는 "괜찮아요"라고 말해도 나중에 무서워하는 아이들이 있다.

🔖 그냥, 막 웃긴 이야기

초등 고학년까지 남자아이들이 쭉 선호하는 주제가 근본 없이 '웃기는' 이야기다. 아이들에겐 나이 수준에 맞는 웃음 버튼이 있다. 어른들이 보기에는 유치한 잡담이나 농담 같지만, 아이들은 배꼽을 잡고 데굴데굴 구른다.

아들은 엄마가 보기에는 다소 폭력적인 이야기에도 그다지 거부감을 느끼지 않는다. 《도그맨》 시리즈의 첫 시작은 경찰의 몸과 개의 머리가 합체된 영웅의 등장이다. 도입만 봐도 엄마들은 '좀 잔인한 거 아닌가' 싶겠지만 아들은 시작이 신선하다며 좋아한다.

저학년 아이들에게 인기인 《나무 집》 시리즈도 마찬가지다. 말장난이나 흥미 위주의 내용이 많아서 엄마들은 그다지 좋아하지 않지만, 아들은 신작이 나오면 바로 읽고 싶어서 사달라고 한다. 엄마의 과민한 필터로 아들의 책을 죄다 검열하거나 걱정할 필요는 없다.

나이가 들수록 성별에 따라 좋아하는 책이 갈린다. 남자아이는 주인공의 '행동'에 주목하고 여자아이는 주변의 '관계'에 집중한다. 여자들이 가지고 있는 감정의 안테나에 둔해서인지 아들은 주인공의 행동이나 사건의 흐름에 집중해서 책을 읽는다.

초등 3,4학년부터 읽기 시작하는 '일기식' 책만 보더라도 차이가 난다. 남자아이들은 사건 중심의 《윔피키드》를 깔깔대며 보지만, 여자아이들은 관계에 무게를 둔 《니키의 도크 다이어리Dork Diaries》를 읽으면서 공감한다. 아들에게 감정 읽기는 생각보다 어렵다. 하기야 수많은 아내가 남편에게 이런 말을 얼마나 자주 했던 가. "당신, 내가 왜 화났는지 정말 모르겠어?"

만화책만큼 재미있는 아들의 첫 읽기책

1 　　　　　《추리 천재 엉덩이 탐정》 | 트롤 | 미래엔아이세움 | 시리즈

'엉덩이가 얼굴'인 탐정이 사건을 풀어가는 이야기. 엉덩이 탐정이 결정적 순간에 방귀를 뀌는 장면에서 아이들은 웃음을 참지 못한다. 곳곳에 수수께끼를 풀고 숨은그림찾기를 하는 재미가 끼어 있다. 10권.

2 　《천하무적 개냥이 수사대》 | 이승민 글·하민석 그림 | 위즈덤하우스 | 시리즈

엉덩이 탐정을 겨냥한 우리나라 버전의 탐정책. 주인아저씨가 집을 나가면 강아지와 고양이가 탐정이 되어 사건을 풀기 시작한다. 중간에 아이들이 함께 사건을 풀어갈 수 있는 참여 코너가 있다. 5권.

3 　　　　　　　　《쾌걸 조로리》 | 하라 유타카 | 을파소 | 시리즈

장난의 천재 쾌걸 조로리가 쌍둥이 멧돼지 형제와 각종 사건을 풀어가고 모험을 즐긴다. 1987년 일본에서 발간된 이후 지금까지 꾸준히 판매되는 스테디셀러. 남자아이들이 좋아할 만큼 엉뚱한 행동과 재미있는 상상이 가득 담겨 있다. 49권.

《뼈뼈 사우루스》| 암모나이트 | 미래엔아이세움 | 시리즈

뼈뼈랜드에 사는 뼈다귀 공룡들이 주인공이다. 우연히 마을 근처 강가에서 붉게 빛나는 조각을 주우면서 모험을 떠난다. 그림이 많은 데다 모험 중간에 미로를 통과하는 과제가 등장해서 재미있다. 14권.

5 《비밀요원 레너드》| 박설연 글·김덕영 그림 | 아울북 | 시리즈

인기 캐릭터 '레너드'가 탐정이 되어 각종 사건을 해결한다. 분위기나 글줄이 딱《추리 천재 엉덩이 탐정》과 비슷해서 막 읽기책에 도전하는 아이들에게 적당하다. 12권.

6 《똥볶이 할멈》| 강효미 글·김무연 그림 | 슈크림북 | 시리즈

햇살초등학교 앞에서 '할멈 떡볶이' 가게를 운영 중인 할머니. 아이들을 사로잡는 맛있는 떡볶이만 파는 것이 아니다. 아이들이 간직한 고민을 하나씩 들어주며 걱정까지 없애준다. 내용도 재미있지만 그림이 많아 부담스럽지 않다. 3권.

7 『있으려나 서점』| 요시타케 신스케 | 온다

'다르게' 생각하기를 전파하는 '요시타케 신스케' 작가의 대표작. 읽다 보면 '이렇게도 생각할 수 있구나' 싶을 만큼 웃기고 신선한 내용이 많다. 『벗지 말걸 그랬어』, 『불만이 있어요』 등의 다른 작품도 재밌다. 글줄이 적지만 이야기가 독특해서 남녀노소가 읽기에 적당하다.

글줄에 익숙해지는 '읽기책' 고르기

초등학교에 들어가면 아이들은 읽기책에 입문한다. 그림이 있긴 있되, 대부분 글줄로 채워진 책이다. 각 출판사에서는 8~10세 저학년 아이들이 공감할 만한 주제의 이야기를 적당한 글줄과 삽화 구성의 책으로 출간한다. 보통 '저학년 문고', '문고책', '읽기책'이라 부른다.

어떤 읽기책이 좋을까. 입문할 때는 책 두께가 얇고 글자는 크며 그림이 자주 나오는 책이 좋다. 책 한 권을 가볍게 읽어내면 '읽기책도 별거 아니네', '괜히 겁먹었잖아' 생각하며 아이가 자신감을 가진다. 첫 책에 대한 긍정적 경험이 제일 중요하다. 만약 아이가 글줄에 놀라 읽기를 거부한다면, 하루에 한 권이 아니라 한 '장

^{Chapter}'을 목표로 삼는다. 각 장의 글줄은 예전에 읽던 그림책 한 권쯤이다.

이제 재미있는 책을 고를 차례. 저학년을 위한 읽기책은 출판사별로 다양하게 출간되고 있다. 무슨 책을 고를지 모르겠다면 다음 시리즈에서 첫발을 떼어보자.

📖 좋은책어린이 저학년문고

순수 창작 동화로 이루어져 있어 아이들이 공감하는 주제가 많다. 얇고 판형이 커서 '한 권 읽어볼까' 생각하게 한다. 벌써 120권을 훌쩍 넘겼을 만큼 아이들에게 사랑받는 시리즈다.

아들은 제목에 '몰래'가 들어간 이야기를 좋아한다. 『엄마 몰래』, 『선생님 몰래』, 『친구 몰래』 등이 이맘때 아이들의 심리를 반영한 책이다. (유튜브에서도 '엄마 몰래 라면 끓여 먹기'와 같은 내용이 인기랍니다.) '아드님' 시리즈인 『아드님, 진지 드세요』, 『아드님, 안녕하세요』도 재미있고, 『금지어 시합』, 『집 바꾸기 게임』, 『잔소리 없는 엄마를 찾아 주세요』도 반응이 좋다.

📖 난 책읽기가 좋아

비룡소의 읽기책 시리즈로 국내외 작품이 다양하게 어우러져 있다. 국내 창작 동화 중에서는 김리리의 '떡집' 시리즈 중 하나인 『만복이네 떡집』과 『변신돼지』, 『꽝 없는 뽑기 기계』 등이 인기가 많고, 해외 작품 중에서는 《마녀 위니Winnie the Witch》 시리즈가 손에 꼽힌다. 130권 남짓의 책들이 출간되어 있으니 아이가 좋아할 만한 주제부터 골라서 읽어본다.

첫 읽기에 도전한다면 《개구리와 두꺼비》 시리즈가 적당하다. 『개구리와 두꺼비는 친구』, 『개구리와 두꺼비의 하루하루』 등이 있는데, 글자가 별로 없는 데다 내용이 쉬워서 책장이 잘 넘어간다. 『수학은 너무 어려워』 등 베아트리스 루에의 책들도 저학년 아이들이 읽기에 적합하다.

📖 시공주니어 문고레벨 1, 2

해외 번역서와 국내 작가들의 작품이 섞여서 나오는 읽기책 시리즈다. 초등학생을 대상으로 한 단계별 문고판 중에서 레벨 1,2가 초등 1학년부터 4학년까지 읽기에 좋다. 시공주니어는 해외 번역서에 강한 면이 있다. 유명 작가의 신작을 재빨리 국내에 들여와

선보인다.

문고 레벨에서도 국내 작품보다 해외 작품이 눈에 띈다. 레벨 1에서는 '스탠리'와 '토드 선장' 이야기가 재미있고, 레벨 2에서는 로알드 달의 작품이 눈에 띈다. 『찰리와 초콜릿 공장』, 『제임스와 슈퍼 복숭아James and the Giant Peach』, 『멍청씨 부부 이야기The Twits』 등이다.

창비, 사계절, 미래아이, 어린이작가정신 출판사에서도 제각기 저학년 문고 시리즈를 출간하고 있다. 추천하는 읽기 방식은 각 출판사의 인기 시리즈 중에서 재미있는 작품부터 골라 읽는 것이다. 한 출판사의 시리즈를 몽땅 사서 책장에 꽂아두어도 좋겠지만, 어차피 아이마다 취향이 있고 재미를 느끼는 구석이 다르니 굳이 출판사에 묶일 이유가 없다.

선택의 1순위는 아들이 좋아할 만한 주제인가에 둔다. 게임이나 학교생활, 몰래 하기, 도깨비, 비밀, 모험, 친구, 왕따, 축구 등의 주제를 선호한다. 참, 나쁜 엄마 이야기는 어떤 시리즈에나 있다. (아이 마음을 몰라주고 잔소리하는 엄마가 조연으로 나옵니다.) 다수가 선택한 책에는 보편적 재미가 담겨 있으니 이러한 책부터 읽어본다.

저학년은 책읽기로 읽기에 익숙해지고 글줄을 늘리는 기간이다. 굳이 어떤 목적이나 교훈이나 지식이 없어도 이야기가 '재미있다면', '공감이 간다면' 저학년책으로 적합하다. '수상한' 시리즈의 박현숙 작가는 한 인터뷰에서 이렇게 말했다.

"아이들한테 가르치려고 하면 그건 실패한 동화라고 생각해요. 저는 작품을 쓰면서 소통을 가장 중요하게 생각해요. '누군가에게 이런 이야기를 해줘야겠다'고 생각하면서 작품을 쓰지 않아요. 이 작품을 읽으면서 '오하나' 같은 아이가 스스로 상처를 치유할 수 있는 계기가 될 수 있었으면 좋겠어요. 용기를 얻었으면 좋겠고요. 다른 아이들이 읽었을 때도 '이런 일이 있을 수도 있어. 이럴 때는 이렇게 해야 되겠구나' 하고 스스로 깨달을 수 있었으면 좋겠어요."[10]

•Add•

동시, 어떻게 읽을까

여자아이나 남자아이나 책은 잘 읽어도 동시를 좋아하지는 않는다. '동시'라는 말도 한자어라 낯선 데다 어떻게 쓰는 것인지 모호하다. 교과서에 잠깐 나오니까 살짝 접해볼 뿐, 시 자체에 흥미를 느끼기 어렵다.

공감되는 주제가 좋다

엄마에겐 은유적이고 감동적인 시가 근사하게 다가오지만, 아들에겐 무릎을 치게 만드는 무엇인가가 필요하다. 어른들이 하상욱의 시 '애니팡'의 '서로가 소홀했는데, 덕분에 소식 듣게 돼'에 폭풍 공감했던 것처럼 아이들도 '내 이야기야'가 확 느껴지는 시가 좋다.

하루에 한 편이면 충분하다

동시는 줄줄이 읽는 것보다 한두 편에서 끝낼 때 여운이 남는다. 동시집 한 권에 실린 시들을 공부하듯 쭉 읽을 필요는 없다.

소리 내어 읽는다

책 한 권은 너무 길어서 어렵지만, 동시는 얼마든지 소리 내어 읽을 수 있다. 무엇보다 동요와 태생이 비슷하여 소리 내어 읽을 때 말의 재미가 산다. 전래 동화 CD를 틀어놓듯, 평소에 동시 음원을 틀어놓는다. 재미있는 동시는 아이의 귀에 남는다.

인기 동시에서 시작한다

초등 저학년에는 박정섭의 『똥시집』, 권오삼의 『라면 맛있게 먹는 법』, 이안의 『글자동물원』이 좋다. 뒤의 두 작품은 1학년 1학기 국어 교과서 수록 도서다.

Boy's Book

1 『게으른 고양이의 결심』 | 프란치스카 비어만 | 주니어 김영사

베스트셀러『책 먹는 여우』로 유명한 작가의 신작. 소파에서 뒹구는 것이 하루 일과인 고양이에게 벼룩이 붙으면서 세상 밖으로 나간다는 이야기다. 모든 일에 "재미없어" 말하는 아이가 읽기에 좋다.

2 《엽기 과학자 프래니 Franny K. Stein, Mad Scientist》 | 짐 벤튼 | 사파리 | 시리즈

괴상한 행동을 하고 이상한 발명품을 만드는 프래니가 주인공. 친구들과 친해지기 위해서 장난감과 도시락을 싸서 학교에 가져가나 너무 엽기적이어서 주변을 깜짝 놀라게 만든다. 주인공의 괴상한 행동에 남자아이들이 재밌게 본다. 8권.

3 《고양이 해결사 깜냥》 | 홍민정 글·김재희 그림 | 창비 | 시리즈

다재다능한 고양이 깜냥이 아파트 경비실에 머물면서 사람들의 고민을 해결해주는 이야기다. 마치 존 버닝햄의『내 친구 커트니 Courtney』의 한국 버전처럼 정겹고 재미있게 다가온다. 4권.

『나는 3학년 2반 7번 애벌레』 | 김원아 글·이주희 그림 | 창비

호기심 가득한 '7번 애벌레'가 세상에 태어나 성장하는 과정을 담았다. 다 읽고 나면 애벌레의 한살이를 자연스럽게 이해할 수 있다. 창비 '좋은 어린이책' 수상작.

---

5 『엄마 몰래』 | 조성자 | 좋은책어린이

갖고 싶은 물건이 많은 아이가 엄마의 돈을 도둑질한다. 돈을 얻어 신이 난 것도 잠깐, 점점 마음이 불안하고 후회가 되는데… 무엇이든 엄마 몰래 하기를 좋아하는 아이의 마음을 흥미롭게 담았다.

---

6 『멋진 여우 씨』 | 로알드 달 글·퀸틴 블레이크 그림 | 논장

욕심쟁이 세 농부와 지혜로운 여우 가족의 싸움을 흥미롭게 다룬다. 위기에 처한 여우 가족의 모습에서 지혜롭게 행동하는 법을 배운다. 아이가 로알드 달의 이야기를 좋아한다면 글줄이 많은 『찰리와 초콜릿 공장』으로 넘어가는 걸 추천한다.

---

7 《복제인간 윤봉구》 | 임은하 글·정용환 그림 | 비룡소 | 시리즈

자신이 복제인간임을 알게 된 소년의 성장기다. 아이들에게 다소 어려울 수 있는 '복제인간'이란 판타지를 다루면서 그 속의 자신에 대해 생각하는 과정을 넣었다. 스토리킹 수상작. 5권.

과학·수학책
☑ 실험과 시각적 자극으로
사고력을 키운다

유치원 시기에 읽기 시작하는 과학·수학 그림책은 초등 저학년까지의 개념을 다루는 경우가 대부분이다. 초등 1,2학년은 책읽기에 익숙해지는 시기인 만큼 책장에 있는 지식책을 쭉 봐도 괜찮다. 다만 엄마들은 유아 시기에 배웠던 간단한 내용에서 한 걸음 더 나아가 구체적인 내용이 담긴 책을 선호한다. 보통 저학년에는 전집이나 시리즈 이름에 '개념'이나 '원리'가 들어간 교과 연계책으로 갈아탄다.

📖 생활 실험을 다루는 과학책

초등 1,2학년에서는 과학을 따로 배우지 않는다. 통합 교과에 일부분이 포함되어 둥글게 배우다가 3학년부터 정식 교과목에 과학이 들어간다. 초등 3,4학년 시기에 배우는 주제를 살펴보면, 물체와 물질, 혼합물, 물질의 상태, 물의 상태 변화, 동식물의 한살이, 지층과 화석 등이다. 즉, 유아 시기에 읽은 과학 그림책과 자연 관찰책이 한데 섞인 모양새다.

교과서는 과학책과 실험 관찰책 2권이다. 과학책에 개념, 탐구, 실험 내용이 들어간다면, 실험 관찰책은 실험한 내용을 직접 정리하는 공간이다. 즉, 개념을 단순히 외우지 않고 실험을 통해 내용을 이해하는 식이다. 교과서 구성 방식을 따라간다면 저학년에는 생활 실험을 통해 과학에 대한 호기심을 자극하거나 유지해야 효율적이다.

8~10세 남자아이의 특징을 생각해보자. ① 소근육이 발달해 만들기가 가능하고, ② "내가, 내가" 말하면서 직접 하려고 하며, ③ 그럴듯한 결과물이 생기면 기뻐한다. 1,2학년 방과 후 수업에서 남자아이들의 인기 과목만 살펴봐도 그렇다. 경쟁이 치열한 과목은 무엇이든 실험하거나 만들어보는 '생명 과학', '드론 체험' 등이다. 심지어 3,4학년에 나오는 과학 개념은 대부분 한자어다. 글줄이 가득한 지식책으로 미리 읽기에는 어렵고 재미가 없다. 복잡한 개념

을 줄줄이 읊어대는 대신 일상에서 과학이 어떻게 적용되는지 실험으로 이해한다면 최고다.

이럴 땐 이렇게! 간단한 과학 실험은 집에서 할 수 있다. '과학나라', '과학동아몰', '스마일사이언스' 등에서 실험 키트를 구해 일주일에 하나씩 만들어보는 방식이다. 실험 키트가 포함된 과학 만화책을 사도 괜찮다. 단, 욕심은 금물이다. 완성본의 근사한 모습에 반해 나이에 비해 어려운 키트를 사면 결국 엄마의 실험이 된다. 마치 유아 시기에 변신 로봇 장난감을 일찍 사주면 엄마가 매번 조립을 해줘야 하는 것처럼 말이다. 우리의 손이 얼마나 아프고 힘들었던가.

📖 시각적 자극이 중요한 수학책

초등 1,2학년까지 수학 교과서에서 다루는 개념은 100까지의 수, 덧셈과 뺄셈, 입체 도형의 모양, 시계 보기, 규칙 찾기, 비교하기, 분류하기 등이다. 2학년 2학기에 곱셈 구구를 배우다가 3학년 때 곱셈과 분수를 배우는 것이 저학년의 학습이다.

수학책은 개념을 글로 구구절절 설명하기보다 재미있는 이야기를 명료한 그림으로 보여주느냐에 방점을 찍는다. 특히 남자아이들은 시각적 자극에 예민하다. 몇 쪽 그림만 봐도 '아, 그거' 개념이 떠올라야 좋다.

저학년에는 '책읽기'에 익숙해지는 것이 우선이다. 아이가 수학책을 잘 본다면 모를까, 읽기에 익숙하지 않은 상태에서 굳이 과학이나 수학 지식책에 집착할 필요가 없다. 교과 연계와 읽기를 동시에 잡는다고 글줄이 많은 과학책이나 수학책을 억지로 들이대면 아이는 '재미있는' 책조차 거부할 것이다. (개념 지식이 많이 들어간 책일수록 이야기가 재미없습니다.)

"초등 수학은 연산이야!"라는 선배들의 조언을 실천하듯, 엄마들은 아이가 초등학교에 입학하면 저마다 수학적 학습 활동을 시작한다. 구몬 학습지를 하거나, 팩토 학원에 다니거나, 매일 수학 문제집이라도 4쪽씩 푼다. 이미 아이들은 수학 내용을 충분히 '읽는' 중이다. 아이가 수학책을 잘 본다면 더할 나위 없이 기뻐할 상황이고, 그렇지 않다면 수학은 공부로 하고 책은 재미있게 보는 편이 낫다.

이럴 땐 이렇게! 초등 저학년은 여전히 구체물을 보고 만지면서 추상적 개념을 익히는 나이다. 옆집에서 물려받은 구성이 허술한 도형 세트부터 아이들이 좋아하는 종이접기까지, 놀이처럼 즐길 수 있다면 무엇이든 좋다. 양자 역학의 권위자인 고등과학원 김재완 교수도 "아이를 다시 키운다면 종이접기를 시키겠다"라고 말했다. 종이접기는 아이들 놀이로 보이지만 그 속에 수학적 요소가 담겨 있을 뿐만 아니라 직접 무언가를 만들어보는 경험이 중요하다는 것이다.[11]

·Add·

수학 머리를 발달시키는 수학 교구

칠교

정사각형 판을 7개로 나눈 조각으로 동물이나 사물의 형태를 만드는 놀이다. 영어로는 '탱그램(Tangram)'이라고 부른다. 대상을 단순화하고 그것을 7개의 도형으로 표현하면서 두뇌 발달을 꾀한다. 칠교는 유치원 때 한번 사두면 초등 저학년 내내 사용할 수 있어서 추천한다. (가격도 2,000~3,000원에 불과해 비교적 저렴합니다.) 수학 교과서에서는 2학년 1학기 2단원 '여러 가지 도형'에서 칠교를 활용한다.

종이접기

색종이만 있으면 누구나 소근육과 사고력을 발달시킬 수 있다. 사실 아들에게 종이접기는 생각보다 쉽지 않다. 손끝이 야물지 못해 종이를 접어서 쫙 다리미질해주는 작업부터가 서툴다. 유튜브에서 종이접기 영상을 찾아보거나, 『세상에서 제일 재밌는 종이접기』, 『한 권으로 끝내는 종이접기』 등의 책을 참고한다.

보드게임

아이들이 보드게임을 가장 활발히 즐기는 시기가 초등 저학년이다. '게임 규칙을 지키며 놀이를 하는 과정'은 논리적 사고를 발달시킨다. 원카드, 젠가, 할리갈리, 우봉고, 러시아워, 루미큐브 등이 대표적이다. '할리갈리'는 두 카드의 합이 5가 되는 경우 종을 쳐서 카드를 갖는 게임이고, '루미큐브'는 숫자를 조합하며 더하는 놀이다.

과학·수학책 단행본, 시리즈, 전집

[1]　　　　　『왠지 이상한 동물도감』| 누마가사 와타리 | 미래엔아이세움

사실에 바탕을 두되 신선한 그림과 구성으로 재미 지수를 높였다. 상어에게 물려 죽는 사람은 1년에 10명이지만 악어에게 물려 죽는 사람은 1,000명이 넘는다. 고로 상어는 생각보다 위험하지 않다고 말한다.

---

[2]　　　《빨간 내복의 초능력자》| 서지원 글·이진아 그림 | 와이즈만북스 | 시리즈

두뇌, 화산, 진화, 유전 공학 등을 재미있는 이야기에 담았다. 과학책인지 창작책인지 구분이 안 될 만큼 이야기 구성이 흥미롭다. 10권.

---

[3]　　　　　　《미래가 온다》| 와이즈만북스 | 시리즈

미래 과학을 쉬운 설명과 재미있는 그림을 통해 알려준다. 시원한 편집을 채택해 책장이 쉬이 넘어간다. 첫 번째 책인 로봇을 비롯해 기후 위기, 뇌과학, 바이러스, 게놈 등 호기심을 자극하는 최신 주제가 많다. 18권.

---

[4]　　　《수학식당》| 김희남 글·김진화 그림 | 명왕성은자유다 | 시리즈

수학 요리의 달인이 식당을 열면서 벌어지는 이야기. 주변의 수학 개념을 알려준다. 글줄이 꽤 있어서 읽기가 어느 정도 정착된 뒤에 읽는다. 3권.

수학 개념을 아이들에게 익숙한 전래, 추리, 생활 동화 등의 이야기에 담았다. 배수와 약수, 소수, 부피까지 나와 단계별로 읽기에 좋다. 55권.

출간 20주년을 맞아 개정판이 출시된 스테디셀러 과학 그림책이다.《신기한 스쿨버스》시리즈 중에서 '키즈' 편은 날씨, 화산, 파충류 등의 주제를 다룬다. 그림과 글줄이 어우러져 초등 저학년이 읽기에 적당하다. 30권.

책 속 캐릭터들이 수다 떨 듯 과학 이야기를 들려주는 CD가 특히 인기다. 평소 아이가 놀 때 이야기처럼 틀어놓는다. 책 뒷부분에 놀이를 겸한 활동지가 붙어 있어서 읽은 내용을 다시 확인할 수 있다. 35권.

'뒤집기' 시리즈로 유명한 성우의 과학 전집. 초등 연계에 집중한 만큼 인체와 건강, 동물과 식물, 물질과 변화, 우주와 지구 등의 내용을 다룬다. '꼬마'를 붙여 유아 대상으로 내놓았지만 초등 저학년이 읽기에 좋다. 59권.

도형, 길이 재기, 규칙 찾기, 시각과 시간, 시계 보기, 분수, 받아 올림, 나눗셈, 곱셈 구구 등의 개념을 창작 동화에 담았다. 13권.

사회·경제·위인책
☑ 세상을 이해하는 바탕을 만든다

아이들은 자기를 둘러싼 주변 공간과 사람에게 관심이 많다. 여기에서 확장해 유명인과 역사적 인물에도 호기심을 보인다. 추상적 사고가 발달하면서 돈을 배우기에도 좋은 나이다.

📖 나를 둘러싼 주변을 배우는 '사회책'

초등학교에 들어가면 아이의 생활 영역이 넓어진다. 집과 학교, 놀이터와 키즈카페, 마트, 놀이공원, 박물관 등으로 활동 범위가 늘어나고, 선생님과 친구들을 만나면서 사교 생활도 자주 한다. 이때 사회책을 풍성하게 읽으면 내 주변 공간이나 대상을 쉽게 이해한다.

사회 과목은 초등 3학년 때 처음 등장한다. 3,4학년 때는 고장의 위치와 범위, 촌락과 도시, 지역 중심지, 지도의 요소, 교통수단의 발달 등이 나오고, 5,6학년 때는 국토의 영역, 민주주의, 인권과 헌법, 우리나라의 역사 등이 등장한다.

아직 시간 여유가 있으니 '사회 교과서가 생각보다 어렵다는데…'라는 이야기에 불안해하지는 말자. 지금은 아이가 접하는 주변 환경을 동네에서 나라로 확장하면서 우리 사회가 어떻게 구성되어 있는지 이해할 때다. 어떤 공간이 있고 누가 일하며 사회에서 어떤 역할을 하는지 알아둔다. 사계절에서 나온 《일과 사람》 시리즈나 아람에서 펴낸 《참 똑똑한 사회씨》 전집이 괜찮다.

이럴 땐 이렇게! 학교에 들어가면 지도와 친해지자. 동네 약도나 관광 지도를 보다가 우리나라 지도를 접하면 사회 교과서가 어렵지 않다. 여행을 떠나거나 관광지에 갔다면 아이가 스스로 약도나 지도를 보는 습관을 들이고, 그곳의 지명이나 특산물을 한번 확인한다. 강원도 속초에 여행을 갔다면 우리나라 지도에서 오른쪽에 위치하고, 주변에 설악산과 동해가 있으며, 오징어가 특산물임을 알아두는 식이다.

🔖 용돈 관리와 물건 사기로 시작하는 '경제책'

수를 셈하기 시작하면 아이들은 경제책을 읽을 수 있다. 저학년 아이들에게 경제란 용돈 관리와 물건 사기로 귀결된다. 편의점에서 과자를 사거나 뽑기 기계에 동전을 넣거나 혹은 마트에서 물건을 골라 계산하는 것이 이 나이대 어린이의 경제 활동이다.

공원보다 대형 마트에 자주 행차하는 아이들에게 경제책은 꽤 흥미롭다. 초등 저학년에는 ① 돈의 종류를 구분하고, ② 가게에서 거스름돈을 주고받으며, ③ 마트에서 물건의 가격을 확인하고, ④ 시장에서 돈이 어떻게 돌아가는지 이해하면 충분하다. 지금 읽기에는 『오늘은 용돈 받는 날』이나 《레몬으로 돈 버는 법How To Turn Lemons Into Money》이 적당하고, 초등 3,4학년에는 『열두 살에 부자가 된 키라』나 『세금 내는 아이들』이 괜찮다.

이럴 땐 이렇게! 경제책을 재미있게 읽으려면 아이의 직접 체험이 최선이다. 스스로 돈을 내고 물건을 사거나 영수증의 숫자를 확인하거나 저금통에 돈을 모아야 한다. 기회가 있다면 나눔 장터(벼룩시장)에도 꼭 참여한다. 내가 안 쓰는 물건을 팔고 다른 사람의 물건을 사면서 돈의 흐름을 이해한다. 동네 나눔 장터에 유독 유치원생이나 초등 저학년이 부모와 함께 참여하는 이유다.

📖 삶의 본보기를 경험하는 '위인책'과 '인물책'

남자아이들은 인기가 많은 형이나 친구, 힘이 센 남자 어른을 관찰하고 그들의 말투나 행동을 따라 한다. 인물이나 위인책을 읽는 이유도 비슷하다. 엄마들이야 역사 과목에 흥미를 붙여주기 위해서 위인책을 고르지만, 아들은 사람에 대한 호기심이나 동경에서 책장을 편다. 그들의 역동적인 삶 자체가 재미있기도 하거니와 힘든 과정을 이겨내는 모습에 자극을 받는다. 가령 축구를 좋아하는 아이들은 저학년에 다들 박지성이나 손흥민책을 읽는다.

손흥민책이라고? 맞다, 과거 아이들이 '위인전'을 읽었다면 요즘 아이들은 위인책과 인물책을 섞어서 본다. 세종대왕, 안중근, 이순신과 같은 역사적 인물이 '위인책'에 나온다면, 김연아, 손흥민, 스티브 잡스와 같이 직업적 성취가 높은 사람은 '인물책'에 실린다. 위인이나 인물들은 어려움을 헤치고 성공한 경우가 많아 아이들에게 삶의 본보기로 좋다.

유행에 편승해 너무 많은 인물책이 나오는 요즘 분위기를 고려한다면, 무조건 많은 책을 읽는 것보다는 아이가 좋은 영향을 받는 것이 더 중요하다. 비룡소의 《새싹 인물전》, 다산어린이의 《Who?》, 예림당의 《Why? People》 시리즈 중에서 원하는 인물을 골라 읽는다.

이럴 땐 이렇게! 인물책을 흥미롭게 보는 방법은 2가지다. 우선 교육 과정에 해당 인물이 나올 때다. 3월 삼일절에는 유관순, 5월 어린이날에는 방정환, 10월 한글날에는 세종대왕을 읽는 식이다. 학교에서 해당 내용을 배울 때 관련 위인책을 읽으면 더욱 흥미롭다. 다음은 아이의 취향이나 재능에 맞춰 인물책을 읽는 방식이다. 축구를 좋아하면 손흥민이나 박지성책을 읽고, 그림 그리기를 즐긴다면 레오나르도 다빈치나 빈센트 반 고흐책을 읽는다.

위인과 연결된 것이 바로 역사책이다. 보통 판타지책을 좋아하지 않는 아이들이 사실적인 역사책을 선호한다. 아이들은 아직 연대를 순차적으로 이해하기 어렵기에 재미있는 사건이나 인물에 중심을 두고 읽는다. 세종대왕이 한글을 만들었다, 이순신 장군이 12척 배로 왜군을 이겼다, 이렇게 인물이나 사건을 중심으로 읽다가 나중에 통사를 배우면 이해가 쉽다. 아이들이 우리나라 역사를 배우는 시기는 초등 5학년이니, 지금은 역사나 인물 이야기를 흥미롭게 읽으면 충분하다.

세계 국기 활용법

7,8세가 되면 남자아이들은 신통방통하게도 '세계 국기'에 빠진다. 유치원이나 학교에서 태극기를 그렸다고 세계 국기에 흥미를 보이는 것은 아니다. 이때쯤 아이들은 상징을 이해하고 동네에서 나라로 관심을 확장하며 여행과 스포츠를 통해 세계 여러 나라에 관심을 가진다.

국기는 추상적 기호를 이해하고 사고를 확장하는 데 좋다. 국기에 담긴 뜻을 통해 각 나라의 문화까지 이해하니, 이때 놀이로 세계 국기를 익히면 좋다. 우리 집에서는 선물로 받은 '국기 꽂기' 놀이가 한동안 사랑을 받았다. 세계 지도판에 각 나라에 맞는 국기를 꽂다가 웬만한 국가와 국기를 익혔다. 이어 초등 3학년이 되어선 유럽 축구에 빠지면서 축구팀 이름으로 세계 도시를 줄줄 외웠다. ('바이에른 뮌헨', '파리 생제르맹'처럼 축구팀 이름과 도시명은 연관되어 있습니다.)

아이들은 재미가 있으면 누가 억지로 시키지 않아도 잘 익히고 기억한다. 기본은 재미고 방식은 놀이다. 아이들이 좋아하는 놀이에는 '만국기 꽂기(깃발 꽂기)'나 '국기 카드', '국기 도미노' 등이 있고, 돈을 셀 수 있다면 보드게임 '부루마블'도 국기와 도시를 익히기에 좋다.

명작책
☑ 비교 읽기로 생각을 넓히고
가치관을 형성한다

옛이야기는 생각의 폭을 넓히는 좋은 '재료'다. 유치원 시기에는 옛이야기를 풍성하게 접하는 것이 중요하고, 초등학교에 들어가면 작품들을 비교하면서 읽으면 유익하다. 많은 사람에게 알려진 옛이야기는 시간이 지나면서 뒤집고 비틀어 재탄생된 작품이 많다. 생각하고 토론할 여지가 많다는 뜻이다.

🔖 비슷한 이야기 비교 읽기

인간이 살면서 겪는 극적인 이야기가 다르지 않아서인지 유럽이나 우리나라나 비슷한 줄거리의 이야기가 많다. 부모에게 온갖 구박을 당하지만 착하게 살다 복을 받는다, 이 이야기는 어떨까. 전래 동화에서는『콩쥐팥쥐』가 손에 꼽히고 서양에서는『신데렐라』와『홀레 아주머니』라는 작품이 눈에 띈다. 이야기의 모양새는 조금씩 다르나 기본 뼈대는 비슷하다. 지혜를 발휘해 괴물을 상대하는 이야기는『솥 안에 든 거인』과『잭과 콩나무Jack and the Beanstalk』가 비슷하며, 신기한 보물을 얻는 이야기로는『요술 항아리』와『황금 거위』가 꼽힌다.

전래와 명작을 쭉 훑어보면 비슷한 이야기라도 시대적 가치관의 영향을 받는다. 전래 동화는 착한 마음이나 부모에 대한 효심을 강조하고, 명작은 선한 마음이나 굳센 용기를 강조한다. 비슷한 이야기 속에서 문화적 '다름'을 발견하는 것이 핵심이다.

같은 이야기 다르게 읽기

유명한 옛이야기는 여러 작가의 손에서 오늘도 재탄생 중이다. 줄거리의 뼈대를 남겨둔 채 작가의 해석을 덧대기도 하고, 아예 시대를 바꿔서 내용을 다시 쓰기도 한다. 그중에서도 가장 많이 변형된 작품은 엄마의 조언을 잊고 숲속에서 샛길로 들어선『빨간 모자』가 아닐까.

시공사에서 나온 『빨간 모자』가 원래 이야기에 아름다운 그림을 곁들인 작품이라면, 요안나 콘세이요가 그린 『빨간 모자』는 오래된 종이에 연필과 색연필로 완성한 작품이며, 헬렌 옥슨버리가 그린 『빨간 모자와 늑대』는 따뜻한 색감에 생각지 못한 결말을 보여 준다. 시각 장애인 빨간 모자와 늑대의 만남을 그린 한쉬의 『빨간 모자가 앞을 볼 수 없대』도 있다.

유명한 옛이야기는 맛있는 재료와 같다. 어떻게 요리를 하고 음미할지가 작가와 독자에게 달려 있다. 같은 내용인데도 어떤 책에서는 망토를 입고, 어떤 책에서는 모자를 쓰고 나오는 것부터가 이야깃거리다. 같은 이야기를 여러 작가의 필터로 접하면 그만큼 아이의 생각이 확장된다.

☝ 이야기를 뒤집는 반전 동화

옛이야기에서는 약자와 강자, 선한 자와 악한 자, 주인공과 조연이 선명하게 나뉜다. 가장 오랫동안 악역을 맡는 조연은 역시나 늑대가 아닐까. 무슨 죄를 지었다고 『아기돼지 삼형제Three Little Pigs』에서는 끓는 물에 빠지며 『빨간 모자』에서는 사냥꾼에게 잡혀 배가 갈린다. (늑대가 동물을 잡아먹는 건 당연한 사실인데도 말입니다.)

반전 동화는 고정된 시선에서 벗어나 이야기의 틀을 바꾸거나 악역의 시선에서 풀어가는 방식이다. "늑대에게 사연이 있었대"라고 말해주거나 "늑대 쪽에서 보면 좀 억울할 만해"라며 시선을 달리해서 본다. 실제로 언젠가부터 악역을 도맡았던 늑대를 대변하는 작가들이 하나둘 나오기 시작했다.

존 셰스카의 『늑대가 들려주는 아기돼지 삼형제 이야기The True Story of the Three Little Pigs』가 대표적이다. 책의 시작은 이렇다. '사실은 아직 아무도 진짜 이야기는 몰라. 왜냐하면 늑대 입장에서 하는 이야기는 아무도 들은 적이 없거든.' 책장을 넘기면 조연이었던 늑대가 주인공이 되어 '커다랗고 고약한 늑대 이야기가 어떻게 이어지는지' 들려준다. 이제까지 알던 이야기가 다 거짓이라고 말하니, 아이들의 귀가 쫑긋 열린다.

📖 이야기를 비판하며 읽기

옛이야기는 기본 바탕에 '어른들이 하고 싶은 이야기'가 깔려 있다. 착하게 살아라, 부모님 말씀을 잘 들어라, 효도해라, 용기 있게 행동해라, 힘들어도 밝게 살아라 등 기본적인 인간의 태도를 강조한다. 동시에 이야기가 만들어진 시대적 사고방식도 녹아 있다. 새엄마에 대한 잔악한 설정이 많거나 어른 위주의 효를 강조하는 것도 지금의 사고방식과는 차이가 있다.

이탈리아에서 1883년에 발표된 『피노키오의 모험』은 목수 제 페토(아빠)와 나무 인형 피노키오(아들)의 이야기를 대조적으로 보 여준다. 착하고 희생적인 부모와 천방지축 자식의 이야기로 '못된' 아이가 '착한' 아이가 되는 과정을 그렸다. 과거에는 '피노키오가 고생하다 착한 아이가 되었다'에 마침표를 찍었다면, 요즘은 피노 키오가 왜 그렇게 행동하는지 생각하는 분위기다.

"나라면 이렇게 했을 텐데.", "이건 주인공 잘못이 아니야." 고정 된 사고방식에서 벗어나 주인공이나 상황을 다르게 보는 훈련은 저학년 아이들의 사고 확장에 좋다. 옛이야기 『헨젤과 그레텔』을 읽으면서 어떤 아이는 굶주린 아이들이 마녀를 물리친 이야기라 고 단순하게 생각하지만, 어떤 아이는 아이들을 숲으로 내몬 어른 들과 사회적 배경을 생각한다. 과연 이야기에서 가장 잘못한 사람 은 누구일까. 숲에 아이를 버리자고 꼬드긴 새엄마일까, 여기에 동 조한 친아빠일까, 아니면 아이들을 잡아먹으려던 마녀일까. 하나 의 이야기를 분석하고 생각하면서 아이는 자기만의 가치관을 형 성해나간다.

명작으로 글줄 늘리는 방법

'익숙한' 이야기는 글줄을 늘리거나 두꺼운 책으로 넘어갈 때 유용하다. 아는 내용이니까 두꺼운 책도 기꺼이 손에 잡는다. 책읽기에 약한 남자아이라면 좋아하는 명작을 통해 글줄을 늘려보자.

초등 1,2학년

글자가 크고 그림이 많으며 중간에 만화를 넣거나 인물 설명을 재미있게 추가한 것이 특징이다. 아직은 읽기가 부담스러운 초등 1,2학년이 보기에 좋다. 삼성출판사의 《타이거 세계 명작 다이어리》와 계림북스의 《초등 독서력 세계 명작》등의 시리즈가 있다.

초등 3,4학년

100~200쪽 분량으로 꽤 글줄이 많다. 작품에 따라 원작을 대부분 옮긴 것도 있고, 『80일간의 세계일주』나 『해저 2만리』와 같이 원작을 축약한 이야기도 있다. 그레이트북스의 《세계문학 책시루》, 은하수의 《초등학생을 위한 세계명작》을 읽다가 4,5학년에는 글줄이 꽤 많은 아이세움의 《논술명작》으로 넘어간다.

초등 5,6학년

완역본이나 원작을 충실히 번역한 책이다. 내가 알던 명작이 이렇게 긴 이야기

였단 말이야, 새삼 놀란다. 『걸리버 여행기』 축약본에는 소인국과 거인국만 나오지만, 완역본에는 라퓨타와 휘늠 나라까지 등장한다. 《비룡소 클래식》과 《네버랜드 클래식》 시리즈가 유명하고, 애니메이션 삽화를 선호하면 《TV 애니메이션 원화로 읽는 더모던 감성클래식》 시리즈가 낫다.

판타지책
☑ 재미있는 내용으로 읽기 능력을 키운다

"아이가 판타지책에 빠지더니 지식책은 거들떠보지도 않아요. 판타지책을 괜히 샀나 후회가 되더군요."

초등 1,2학년 엄마들이 만화책을 싫어하듯 초등 3,4학년 엄마들은 판타지책을 경계한다. 오늘은 판타지책이라도 재미있게 읽으면 좋지, 싶다가도 다음 날에는 지식책 좀 읽었으면, 하고 바란다. 판타지책은 아들에게 확실히 매력적이다. 마법과 환상 세계, 출생의 비밀, 선과 악의 대립은 아이들이 살아가는 지루한 현실보다 극적이고 흥미롭다. 심지어 비밀을 파헤치거나 악과 싸우는 이야기가 주를 이루니 한번 읽기 시작하면 멈출 수가 없다. 책장이 마구 넘어간다.

판타지(Fantasy)

터무니없는 가상 세계에서 일이 벌어지거나, 일어날 수 없는 일들이 예상을 깨며 빈번히 일어나는 사건을 담은 문학 작품.

환상 요소의 비율이 다를 뿐, 따져보면 아이들이 읽는 대부분의 이야기는 비현실적이다. 생쥐와 사자가 둘도 없는 친구가 되거나 동물들이 버스를 타고 여행 가는 이야기가 어찌 현실적일 수 있나. 다만 엄마들이 "아이가 종일 판타지책만 읽어요"라고 말할 때는 이야기의 축이 상상의 세계에 있는 경우다. 개구리와 두꺼비가 우정을 나누는 이야기는 생활책이지만, 개구리와 두꺼비가 마법 학교에 가거나 시간 여행을 떠나면 판타지책이다.

판타지책의 주인공들은 다음과 같은 일을 수행하느라 바쁘다. ① 요정에게 신비한 설탕 조각을 받거나(마법의 설탕 두 조각), ② 마법의 통로를 발견해서 시간 여행을 하거나(마법의 시간 여행), ③ 이상한 가게에서 간식을 사거나(전천당), ④ 무시무시한 용을 길들이거나(드래곤 길들이기), ⑤ 학교에서 마법을 배우며(해리 포터) 신비한 경험을 한다. 시간 여행 중에 용을 타고 마법을 부리는 등 몇 가지를 한꺼번에 수행하는 주인공도 있다.

아이들은 판타지책을 읽으며 답답한 현실에서 벗어나 무엇이든 해내는 쾌감을 느낀다. 머릿속에 상상 세계를 만들고 악과 싸우며 승리를 거둔다. 대여섯 살에 상상하던 세계와는 비교가 되지 않을 만큼 구체적이고 근사한 놀이터다. 이뿐만이 아니다. 판타지책은 아이들에게 진짜 '마법'을 부린다.

📖 10권, 20권을 내리읽게 만든다

판타지책을 읽는 아이들의 모습을 보시라. 소파에 몸이 붙은 것처럼 가만히 앉아서 한두 시간 동안 책장을 넘긴다. 간식이나 밥을 먹을 때도 '도대체 다음 이야기는 어떻게 되는 거야?' 궁금해서 책을 놓지 않는다. 책 좀 읽어라, 입 아프게 말할 필요가 없다.

책읽기는 재미없어요, 두꺼운 책은 싫어요, 말하는 남자아이에게 판타지책은 심리적 '경계'를 부수는 데 좋은 도구다. 뒷이야기가 궁금해서 계속 책장을 넘기니, 자연스럽게 글줄 읽기에 익숙해진다. 맞다, '책 싫어하는 아들'의 엄마들이 감격의 후기를 남기는 경우가 있다. 책이라곤 읽지 않던 아이가 판타지책에 빠지면서 종일 책장을 넘긴다고 증언하는 순간이다. 판타지책은 시리즈물이 많아서 10권, 20권 읽어내는 일이 다반사로 벌어진다. 아이의 손을 잡고 이야기 속으로 끌고 가는 책이다.

📖 지식책으로 이끌어준다

초등 저학년에 읽는 판타지책 중에는 역사적인 사건이나 과학적 개념을 다룬 이야기가 꽤 많다. 1,2학년 아이들이 읽는《마법의 시간 여행》시리즈를 보면 주인공 남매가 역사적 사건을 경험하는 줄거리다. 과거로 가는 판타지가 축을 이루되, 역사, 지리, 과학, 문화, 인물 등의 내용을 다룬다.

이야기 속에 어떤 사건이나 인물이 등장하면 아이들은 당연하다는 듯 그것을 궁금해한다. 이 시리즈의 17번째 책 『타이타닉호에서의 마지막 밤Tonight on the Titanic』을 읽은 뒤에는 타이타닉호의 역사적 사실과 침몰의 원인에 관심을 기울이고, 47번째 책 『링컨의 깃털 펜을 찾아라!Abe Lincoln at Last!』를 읽은 뒤에는 미국 역사와 링컨의 업적을 궁금해한다. 우리 집에서도 비슷한 상황이 벌어지곤 했다. 책을 읽은 뒤에 타이타닉호의 실제 사진을 찾아보았고 링컨의 업적이 무엇인지 살펴보았다. 판타지책이 지식책으로 가는 '문'이 되어준 셈이다.

📖 영어책 읽기에 공헌한다

책육아를 하는 집은 한글책에서 영어책 읽기로 넘어가는 사례가 많다. 초등 저학년에 리딩책을 읽기 시작해서 3,4학년에는 챕터북을 읽다가 고학년이나 중등에 소설책으로 넘어간다. 한글책과 영어책 읽기의 결정적 차이는 '재미 지수'에 있다. 한글책은 재미가 좀 덜해도 그냥저냥 읽지만, 영어책은 '읽기' 자체가 도전이기에 재미가 없으면 시도조차 안 한다.

영어책 읽기 수준을 올리는 데 혁신적인 공헌을 하는 주인공이 판타지책이다. 내용이 흥미로우니 자꾸 책장이 넘어간다. 10권은 기본 세트, 쭉 읽다 읽기 실력까지 높아진다. (엄마들은 시리즈가 끝없이 나오기를 바랍니다.) 남자아이들은 《Magic Tree House》, 《Dragon Masters》에서 시작해 읽기 수준을 올리다가 소설류인 《Harry Potter》 혹은 《Percy Jackson》으로 넘어간다.

따져보면 판타지책의 장점이자 단점은 '너무 재미있다'는 것이다. 아이들을 이야기 속으로 풍덩 빠뜨려 읽기 수준을 올리는 것도, 다른 책은 거들떠보지 않게 만드는 것도 재미에서 비롯된다. 그렇다, 판타지책 특유의 자극적인 이야기에 익숙해지면 갑자기 다른 책들은 시시하고 재미없게 느껴진다. 외식하다 집밥을 먹으면 너무 심심하게 느껴지는 것처럼 다른 이야기는 재미없게 느끼는 아이들이 있다.

아들이 판타지책을 좋아한다면 장점을 떠올리며 충분히 즐기게 한다. 글줄을 늘려주고 복잡한 사건과 인물 관계를 파악하기에 좋다. 《해리 포터》 시리즈 23권을 쭉 읽으면 끊임없이 사건이 발생하고 새로운 인물이 추가되면서 선과 악 사이를 오간다. 아이가 복잡한 대서사를 머릿속에 생생하게 구현해 분석하는 중이니 그것만으로도 대단한 일이다. 아무리 《해리 포터》를 좋아한다고 해도 23권 분량을 10번 넘게 읽기란 쉽지 않다. (자신이 좋아하는 부분만 반복해서 읽습니다.)

동시에 책 시야를 넓혀준다. 세상에는 판타지 외에도 다양한 이야기가 존재한다. 집밥이 첫 입맛에는 심심해도 익숙해지면 맛도 괜찮고 결국 건강에도 좋은 것처럼 아이에게는 다양한 책읽기가 더 낫다.

·Add·

아들이 판타지책만 본다면 점검할 것

집에 재미있는 '비'판타지책이 있는지 살펴본다

아들이 판타지책만 보거나 똑같은 판타지책을 반복해서 읽는다면 둘 중 하나의 이유다. 그 책이 아이의 취향에 딱 떨어지거나 그 책을 대신할 만큼 재밌는 책이 없거나. 마땅하게 읽을 책이 없을 때 아이는 '익숙한 책 중에서 재미있는 책'을 반복해서 본다. 새 책이 필요한 때다.

모험을 다룬 명작으로 갈아탄다

판타지책을 좋아하는 남자아이라면 세계 명작 중에서 '모험'이 들어간 책으로 방향을 튼다. 『보물섬』, 『허클베리 핀의 모험(The Adventures of Huckleberry Finn)』, 『톰 소여의 모험(The Adventures of Tom Sawyer)』, 『15소년 표류기』, 『모비 딕(Moby Dick)』 등의 작품은 판타지와 현실 사이에 존재한다. 판타지책만 선호하던 아이들도 곧잘 읽는다.

배경지식이 약한지 확인한다

아이가 판타지책만 읽고 지식책은 외면한다면 배경지식이 약해서일 수 있다. 《이상한 과자 가게 전천당》은 반복해서 보지만 역사책은 전혀 보지 않는다면 어려운 용어나 낯선 단어가 부담스럽기 때문이다. 역사적 지식을 쉬운 만화책이나 영상으로 미리 접하게 한다.

Boy's
Book

1　　『마법의 설탕 두 조각』 | 미하엘 엔데 글·진드라 케펙 그림 | 소년한길

자신의 요구에 "안 돼"라고 말하는 부모에게 화가 난 주인공. 요정을 만나 "안 돼"라고 말할 때마다 키가 반으로 줄어드는 마법의 설탕 두 조각을 얻는다. 책이 얇아서 저학년이 읽기에 좋다.

2　　《만복이네 떡집》 | 김리리 글·이승현 그림 | 비룡소 | 시리즈

말버릇이 나쁜 만복이가 '신기한' 떡집을 만나면서 벌어지는 이야기. 3학년 1학기 국어 교과서에 수록되었다. 달콤한 말이 나오는 꿀떡, 다른 이의 생각이 들리는 쑥떡 등 신기한 떡들이 가득하다. 양순이, 달콩이, 둥실이네 등이 시리즈로 출간되었다. 6권.

3　　《마법의 시간 여행》 | 메리 폽 어즈번 글·살 머도카 그림 | 비룡소 | 시리즈

주인공 남매가 마법의 오두막집이라는 신비한 공간에서 과거로 떠난다. 역사적 사건이나 인물을 만나는 방식이어서 자연스럽게 다양한 지식까지 습득할 수 있다. 59권.

| 4 | 『시간가게』 | 이나영 글·윤정주 그림 | 문학동네

학교와 학원을 오가며 바쁘게 살다가 '시간을 사는 가게'를 발견한 주인공. 대신 자신의 행복한 기억을 대가로 지불해야 한다. 아이들이 공감할 수 있는 일상생활에 판타지를 접목시켜 책장이 술술 넘어간다. '문학동네 어린이문학상' 수상작.

| 5 | 《이상한 과자 가게 전천당》 | 히로시마 레이코 글·쟈쟈 그림 | 길벗스쿨 | 시리즈

신간이 나올 때마다 아이들의 전폭적인 사랑을 받는 판타지책. 우연히 들른 과자 가게에서 신기한 과자를 먹고 난 뒤 벌어지는 이야기를 다룬다. 사건 전개가 빠르고 내용이 흥미로워 술술 읽힌다. 15권.

| 6 | 『도깨비폰을 개통하시겠습니까?』 | 박하익 글·손지희 그림 | 창비

스마트폰에 갇혀 사는 요즘 아이들에게 재미와 깨달음을 동시에 주는 책. 도깨비들의 마법 스마트폰을 손에 넣은 주인공이 도깨비 세상과 인간 세상을 오가며 신비한 일을 겪는다. 글줄이 꽤 되는데도 이야기가 궁금해서 계속 책장을 넘기게 된다. 창비 '좋은 어린이책' 수상작.

두꺼운 책으로 점프하기 좋은 판타지책

※ 쪽수는 시리즈 첫 번째 권 기준입니다.

1 《나무 집》| 앤디 그리피스 글·테리 덴톤 그림 | 시공주니어 | 시리즈(250쪽)

『13층 나무 집』을 시작으로 남자아이들에게 열광적인 지지를 받는 시리즈. 새로운 책이 나올 때마다 13층씩 늘어나는 구조여서 26층, 39층, 52층 등으로 이어진다. 책은 두껍지만 내용이 독특하고 그림이 많아서 남자아이들이 유독 좋아한다. 11권.

2 《제로니모의 환상 모험》| 제로니모 스틸턴 | 사파리 | 시리즈(404쪽)

'어린이책이 이렇게 두껍다고?' 깜짝 놀랐던 시리즈다. 첫 번째 책인 『쥐라기로 떠나는 시간 여행』을 비롯해 대부분 400쪽 남짓으로 무척 두껍다. (24번째 『사라진 날개돌이 반지와 판타지 비밀 동맹』은 무려 716쪽에 달합니다.) 그림과 글이 적절하게 섞여 있어 술술 읽힌다. 29권.

3 《꼬마 흡혈귀》
앙겔라 좀머-보덴부르크 글·파키나미 그림 | 거북이북스 | 시리즈(284쪽)

독일의 국민 동화로 무서운 이야기책을 좋아하는 주인공 안톤이 흡혈귀를 만나면서 벌어지는 에피소드를 담았다. 제목만 본다면 '이런 주제를 읽어도 될까?' 걱정하는 엄마들이 있겠지만 인간과 흡혈귀의 만남을 통해 벌어지는 이야기를 아기자기하게 다룬다. 14권.

4

《코드네임》 | 강경수 | 시공주니어 | 시리즈(308쪽)

『코드네임 X』를 시작으로 K, I, C, H, J 등 알파벳을 붙인 첩보물 시리즈. 어린아이가 직접 사건을 해결하는 이야기로 만화와 책 사이를 오가는 듯한 형식을 취해 글줄이 많지 않다. 책은 두껍지만 부담스럽지 않게 읽을 수 있다. 9권.

《드래곤 길들이기How to Train Your Dragon》
크레시다 코웰 | 예림당 | 시리즈(232쪽)

영웅과는 거리가 먼 소년 히컵이 용을 길들이면서 겪는 모험담. 애니메이션 〈드래곤 길들이기〉의 원작 소설로 용을 좋아하는 남자아이들에게 추천한다. 글줄이 다소 많은 편이다. 12권.

교과서
☑ 초등 저학년 때 꼭 사야 할 핵심 기본서

아이는 언제 '읽기' 자신감을 가질까? 의외로 학교에서 교과서를 읽는 순간이다. 엄마 눈에 보이지 않아서 그렇지, 아이는 학교에서 시간마다 교과서를 펴고 읽는다. 읽기 '양'에서 본다면 교과서가 다른 책보다 단연 우위에 선다.

만약 아이가 교과서를 제대로 읽지 못하거나 이해하기 어렵다면 어떨까? 아이는 집에 있는 책을 이해하지 못할 때와는 다른 심리적 부담을 느낀다. 교과서는 학교의 공식적인 책이고 그것을 알아야 기본적인 학교생활이 가능하다. 책읽기의 자신감은 차치하고 학교 공부에 재미를 잃기 쉽다. '무슨 말인지 잘 모르겠네.', '학교 공부는 역시 재미없어.'

평소에 책을 싫어하거나 읽기 수준이 떨어지는 남자아이들은 교과서부터 능숙하게 읽어야 한다. 엄마와 1쪽씩 번갈아 읽든 혼자서 소리 내어 읽든 교과서를 읽고 학교에 가야 한다. 교과서 읽기에 자신이 생기면 '나도 친구들만큼 할 수 있어' 생각하며 학교 생활에도 자신감을 갖는다.

집에 여분의 교과서가 있어야 한다.

교과서는 학교에서만 보는 책이 아니다. 새 학기가 되면 집에 여분의 교과서를 두고 엄마와 아이가 자주 살펴야 한다. 초등 1,2학년에는 국어, 수학, 통합 교과서를 사고, 3학년부터는 국어, 수학, 과학, 사회를 중심으로 준비한다. 수학 익힘과 실험 관찰은 학교에 책을 놓고 왔을 때 숙제를 해가기에 용이하다. '집에 있는' 교과서의 미덕은 비단 읽기 유능감을 키우는 데서 그치지 않는다. 교과서가 집에 있으면 부모 마음이 편하다.

📖 부모가 불안증에서 벗어날 수 있다

엄마들이 교육에 대해 불안을 느끼는 이유는 간단하다. 아이가 무엇을 배우는지 모른 채 주변에서 쏟아내는 자극적인 정보에 귀가 열리는 까닭이다. 1학년에는 ○○ 전집을 읽어야 한다, 옆집 아이는 학원에서 어디까지 선행한다, 연산과 함께 사고력 수학은 필수다 등 각종 정보가 쏟아진다. 경험하지 못한 세상은 언제나 낯설고 걱정스럽다. 그것이 내 아이의 미래를 결정한다면 더욱 그렇다.

초등 과정을 미리 경험하는 지름길은 해당 학년의 교과서를 쭉 읽어보는 것이다. 아이가 7세라면 괜히 불안해하며 인터넷 사이트에서 학습이나 학원을 밤새 검색할 이유가 없다. 마음만 산란해질 뿐이다. 그 시간에 1학년 국어, 수학, 통합 교과서를 쭉 읽어보면 아이의 수업 수준이 눈에 들어온다. '아이가 이런 내용을 배우는구나.', '읽기는 이 정도까지 해야 하는구나.', '올해까지는 수 세기만 확실히 하면 되겠구나.'

상대를 알면 불안하지 않다. 남들이 좋다는 것들에 마구 휘둘리지 않고 내 아이에게 맞춰 준비할 수 있다. 아들 엄마라면 읽기 수준부터 점검할 것. 아이가 교과서를 잘 읽을 수 있는지, 수업 내용을 따라갈 수 있는지가 중요하다.

📖 아이의 학습 태도가 보인다

평소 사물함에 보관하는 교과서는 아이의 학습 태도를 보여주는 물증이다. 기본은 아이가 빈칸에 필기를 잘했는가다. 국어와 수학책에는 아이가 직접 써야 할 공간이 꽤 있다. 깨끗한 글씨로 적절한 내용을 또박또박 써서 채웠다면 선생님의 말씀을 잘 들었다는 이야기, 반대로 써야 할 공간이 텅 비어 있거나 글씨가 알아보기 힘들다면 수업 시간을 대충 보냈다는 말이다. 특히 수학 익힘책은 주의 대상이다. 수학 익힘책은 수업 시간에 문제를 풀고 채점을 끝내거나, 아예 숙제로 내주거나 둘 중 하나다. 수학 익힘책은 항상 진도까지 문제가 풀려 있고 채점이 끝나 있어야 한다. (3학년이 되면 실험 관찰책을 잘 쓰는지도 봅니다.)

오랜만에 교과서를 접한 엄마들은 몇 가지 사실에 깜짝 놀란다. 교과서에 제대로 필기한 흔적이 없는 데다 그나마 적혀 있는 글씨도 알아보기가 어려운 탓이다. 교과서 구석에 가득 그려놓은 게임 캐릭터까지 확인하고 나면 '잘하겠지'라는 막연한 믿음이 자신만의 착각이었음을 깨닫는다. 적어도 한 달에 한 번은 부모가 교과서를 보는 것이 좋다.

📖 생활에서 교과 연계를 하기 쉽다

교과서를 사면 아이가 1,2학기에 배우는 단원의 제목(개념)을 간단하게 정리해서 냉장고에 붙여놓는다. 저학년에 배우는 개념이라고 해야 작은 종이 한 장에 들어갈 만큼이다. 개념 모음을 정리해서 알아두면 아이에게 공부 자극을 하기 좋다.

당신이 아이와 청소를 한다고 치자. 현관 입구에 흐트러져 있는 가족 신발들을 가리키며 이렇게 말한다. "자, 신발의 기능에 따라 운동화와 구두, 슬리퍼로 나누어 정리해보자. 할 수 있지?" 이렇게 말해도 좋다. "신발들을 색깔에 따라 나누어볼 거야. 쉽지?" 신발을 기능과 색깔로 분류하기가 무슨 대수일까 싶겠지만 이 내용이 고스란히 2학년 1학기 수학 교과서 '분류하기'에 나온다. 만약 당신이 시기를 잘 타서 학교에서 배우기 며칠 전에 분류하기를 했다면 아이의 감탄을 들을 것이다. "교과서에 우리가 신발 정리한 게 나왔어! 신기하지?"

자기 물건 챙기기에 영 재능이 없는 아들을 둔 엄마라면 여분의 교과서에 '고맙습니다' 말할 순간이 적어도 몇 번은 찾아온다. 아들의 외침은 언제나 늦은 밤이나 학교 가기 직전에 울려 퍼진다. "엄마, 국어 교과서가 보이지 않아! 분명히 학교에서 가져왔는데.", "엄마, 수학 익힘책이 없어졌어. 내일까지 풀어서 제출해야 한다고." 외침이 클수록 여분의 교과서가 구세주처럼 다가온다. 발을 동동 구르며 서점으로 뛰어가거나 같은 반 엄마에게 SOS를 외칠 필요가 없다. 당신은 모든 걸 예상했다는 듯, 태연하게 책장을 가리키면 그만이다. "책장에서 가져가렴."

교과서, 어떻게 살까

초등 1,2학년은 전 과목이 국정 교과서를 사용하고, 초등 3,4학년은 국어와 도덕은 국정, 나머지는 검정 교과서 중 선택 사용한다. 인터넷에서 '한국검인정교과서협회' 사이트를 검색해 들어가 '교과서 구입'을 선택하면 학년별 교과서가 나온다. 대형 서점이나 학교 근처 서점에서도 교과서를 판다. 단, 학기 초에 맞춰 판매하며 권당 2,000~4,000원이다. 중고 사이트에서도 지난 교과서를 살 수 있다. 엄마들이 여분으로 사둔 교과서를 시기가 지나 판매한다. 학교마다 출판사가 다를 수 있으니 학교 범위가 같은 동네에서 구한다.

---

1   『강아지 복실이』 | 한미호 글·김유대 그림 | 국민서관 | 1-1 국어

남매간의 심리전과 반려견 키우기를 재밌게 버무린 작품이다. 누나가 생일 선물로 강아지 '복실이'를 받고 자랑하자, 남동생이 상상 세계에서 색다른 반려동물을 생각한다는 줄거리다.

---

2   『치과 의사 드소토 선생님』 | 윌리엄 스타이그 | 비룡소 | 2-1 국어

생쥐 치과 의사에게 충치가 생긴 여우가 찾아오면서 벌어지는 이야기. 이빨을 치료해주면 잡아먹히는 상황을 지혜롭게 모면하는 장면이 흥미롭다.

---

3   『팥죽 할멈과 호랑이』 | 백희나·박윤규 | 시공주니어 | 2-2 국어

전래 동화 전집마다 빠지지 않고 들어가는 유명한 옛이야기. 입체 모형을 만들어 찍은 사진이 눈길을 사로잡는다.

---

4 『아드님, 진지 드세요』 | 강민경 글·이영림 그림 | 좋은책어린이 | 3-1 국어 활동

주인공 범수는 어른에게 버릇없이 말해서 한 소리 듣는다. 범수의 말버릇을 고치기 위해 엄마와 할머니가 깍듯하게 존댓말을 한다는 이야기다.

『리디아의 정원』

사라 스튜어트 글·데이비드 스몰 그림 | 시공주니어 | 3-1 국어

부모님과 헤어지고 무뚝뚝한 외삼촌과 살게 된 리디아가 정원을 가꾸면서 마음을 열어간다. 교과서에는 편지 일부분만 소개되는데, 읽다 보면 전체 글이 궁금해진다.

『프린들 주세요Frindle』 | 앤드루 클레먼츠 | 사계절 | 3-1 국어

생각이 남다른 주인공이 평범한 펜에 '프린들'이라는 이름을 붙여준다. 글줄이 꽤 되는 데다 생각할 거리가 있어서 초등 3,4학년부터 읽기에 적당하다.

『진짜 투명인간』 | 레미 쿠르종 | 씨드북 | 3-2 국어

투명인간이 꿈인 소년이 시각 장애인 피아노 조율사를 만나면서 새롭게 세상을 본다는 이야기. 프랑스 작가의 독특한 시선을 엿볼 수 있다.

『초록 고양이』 | 위기철 | 사계절 | 4-1 국어

초록 고양이, 꼬마 도둑, 빨간 모자를 쓴 괴물, 이렇게 세 작품이 책 한 권에 담겨 있다. 4학년 책에 실렸지만 그림이 많고 글줄이 별로 없어서 1,2학년이 읽기에 적당하다.

아들은 오늘도 성장하는 중입니다

"미안해. 엄마도 엄마가 처음이라 몰라서 그랬어."

유행하는 말을 곁들여 은근슬쩍 나의 실수를 무마시키려고 했을 때 아들이 한마디 툭 던졌다. "엄마 된 지 벌써 13년째면서." 그러네, 벌써 시간이 그렇게 흘렀다. 직장 생활 13년이면 다들 베테랑이 된다는데 나는 여전히 서툴고 부족하며 거듭 사과하는 엄마다. 솔직히 '엄마'라는 배지가 가슴에 달려 있었나, 까먹은 날도 여럿이다.

종종 육아는 끝나지 않는 어려운 문제 풀이처럼 다가온다. 내 인생이 오후 3시와 5시 사이에 턱 걸려 있어 하루의 피곤함이 온몸에 쌓이는 기분이다. 아무리 시계를 뚫어지게 쳐다봐도 시계는 움직이지 않고 처리해야 할 것들만 눈앞에 쌓이는 기분, 분명 끝날 일 없는 시간이라 여겼다.

어느 날, 거울 속에서 꽤 많아진 주름을 발견했을 때, 아들은 키가 부쩍 자랐고 얼굴에서 아기 티가 사라졌으며 엄마의 비논리적인 말에 야무지게 반박하고 있었다. 그사이 무슨 일이 있었던 걸까. 가만히 생각해보니 아이는 집 안을 온종일 기어 다니며 구석구석 탐색하다 유치원에 가서 단체 생활을 했으며 다시 학교에 입학해서 몸과 마음이 성장했다. 품에 가뿐히 들어오던 조그마한 아이가 제법 내 키를 따라잡을 만큼 자랐다. 한때 멈춰 있다고 착각했던 시간은 사실 내 뺨을 치며 뛰어가고 있었다.

그동안 아이는 매일 기적을 보여주었다. 키가 자랐고 살이 붙었으며 책을 읽고 친구와 놀며 생각을 키웠다. 어제의 아이는 존재하지 않았다. 조금 더 성장한 오늘의 아이가 눈앞에 있을 뿐이었다. 그런 경이로운 순간을, 아이는 1년 365일 쉬지 않고 보여주었다.

내가 누군가에게 이토록 절대적인 영향을 끼치는 기회가 또 있을까. 종일 나의 뒤를 따라다니고 내가 하는 말을 따라 하다가 책을 읽어주면 귀를 쫑긋거리는 존재가 세상에 어디 있을까? 물개박수를 치며 칭찬이라도 해주면 활짝 웃으며 행복해하다가 친구와 신나게 뛰어노는 경쾌함을 지닌 존재는, 세상에 '우리(당신)' 아들밖에 없다.

돌이켜 보면 육아는 하지 말아야 할 것과 해야 할 것을 기억하는 일이다. '처음이라는 이유로' 불안 마케팅에 과하게 흔들리지 않는다면, '잘되라고' 비난 섞인 잔소리를 하지 않는다면, '내가 힘들다고' 더러워진 감정을 막무가내로 배설하지 않는다면, '내 신념에 갇혀' 아이를 일방적으로 바꾸려 하지 않는다면, 아들은 불행할 이유가 없다.

온몸을 꽉 껴안으며 사랑을 전해주거나 지금은 서툴러도 넌 분명 해낼 거라고 믿어준다면, 엄마에게 빛이 나는 존재는 세상에 너뿐이라고 말해준다면, 오늘 이 시간이 우리에게 전부임을 깨닫는다면, 아들은 분명 씩씩하게 성장할 것이다.

언제나 시간이 가면 모든 것은 변해 있다. 뒤돌아볼 때, 아이는 이미 성장해 있다.

참고 자료

1 네이버 지식백과

2 유튜브 'Reading Rockets', David Shannon video interview, 2014년 4월 17일

3 EBS 다큐프라임 〈아이의 사생활-제1부 남과 여〉, 2011년 5월 13일

4 『존 버닝햄, 나의 그림책 이야기John Burnhingham』, 존 버닝햄, 비룡소

5 EBS 다큐프라임 〈아이의 사생활-제1부 남과 여〉, 2011년 5월 13일

6 『거실공부의 마법』, 오가와 다이스케, 키스톤

7 『다시 1학년 담임이 된다면』, 박진환, 에듀니티

8 「경향신문」, '문화, 더 나은 세상을 상상하다(4)', 2017년 10월 22일

9 EBS 다큐프라임 〈아이의 사생활-제1부 남과 여〉, 2011년 5월 13일

10 「채널예스」, '예스 인터뷰 만나고 싶었어요!', 박현숙 "가르치려고 하는 동화는 실패한 작품", 2016년 11월 25일

11 「중앙일보」, '양자정보과학자의 공부법', 2021년 9월 27일

5~10세
아들 육아는
책읽기가 전부다

초판 1쇄 발행 2022년 9월 23일

지은이 박지현
펴낸이 민혜영
펴낸곳 (주)카시오페아
주소 서울시 마포구 월드컵로14길 56, 2층
전화 02-303-5580 | **팩스** 02-2179-8768
홈페이지 www.cassiopeiabook.com | **전자우편** editor@cassiopeiabook.com
출판등록 2012년 12월 27일 제2014-000277호
책임편집 최유진 | **책임디자인** 최예슬
편집1 최유진, 오희라 | **편집2** 이호빈, 이수민, 양다은 | **디자인** 이성희, 최예슬
마케팅 허경아, 홍수연, 이서우, 변승주

ⓒ박지현, 2022
ISBN 979-11-6827-069-5 03590